U0319231

以色列
环境管理研究

张 扬 谢 静 国冬梅 编著

中国环境出版集团·北京

图书在版编目（CIP）数据

以色列环境管理研究/张扬，谢静，国冬梅编著. —北京：

中国环境出版社，2017.12

ISBN 978-7-5111-3463-9

Ⅰ. ①以… Ⅱ. ①张…②谢…③国… Ⅲ. ①环境

管理—研究—以色列 Ⅳ. ①X321.382

中国版本图书馆 CIP 数据核字（2017）第 323635 号

出 版 人　武德凯
责任编辑　曲　婷
责任校对　任　丽
封面设计　彭　杉

出版发行　**中国环境出版集团**
　　　　　（100062　北京市东城区广渠门内大街 16 号）
　　　　　网　　　址：http://www.cesp.com.cn
　　　　　电子邮箱：bjgl@cesp.com.cn
　　　　　联系电话：010-67112765（编辑管理部）
　　　　　发行热线：010-67125803，010-67113405（传真）
印　　刷　北京建宏印刷有限公司
经　　销　各地新华书店
版　　次　2017 年 12 月第 1 版
印　　次　2017 年 12 月第 1 次印刷
开　　本　787×960　1/16
印　　张　15.25
字　　数　290 千字
定　　价　50.00 元

序

　　"一带一路"是党中央和国务院顺应国际发展潮流提出的重要倡议。"一带一路"建设高举和平、发展、合作、共赢的旗帜，秉持"亲、诚、惠、容"的理念，以政策沟通、设施联通、贸易畅通、资金融通、民心相通（以下简称"五通"）为主要内容，与沿线各国共同打造政治互信、经济融合、文化包容的利益共同体、责任共同体和命运共同体。

　　习近平主席高度重视生态环境保护，多次强调要建设绿色丝绸之路。2017年5月14日，在"一带一路"国际合作高峰论坛开幕式上，习近平发表主旨演讲，强调"我们要践行绿色发展的新理念，倡导绿色、低碳、循环、可持续的生产生活方式，加强生态环保合作，建设生态文明，共同实现2030年可持续发展目标"，提出设立"一带一路"生态环保大数据服务平台，倡议建立"一带一路"绿色发展国际联盟，并为相关国家应对气候变化提供援助。

　　建设绿色丝绸之路有利于促进沿线国家和地区共同实现2030年可持续发展目标，有利于增进沿线各国政府、企业和公众的相互理解和支持，有利于推动"五通"目标实现，是增强经济持续健康发展动力的有效途径，是顺应和引领绿色、低碳、循环发展国际潮流的必然选择。推进绿色丝绸之路建设，要求将生态环境保护融入"一带一路"建设的各方面和全过程，与沿线国家分享我国生态文明和绿色发展理念与实践。

绿色发展理念与实践。

我国《"十三五"生态环境保护规划》明确要求，推进"一带一路"绿色化建设，统筹规划未来五年"一带一路"生态环保总体工作。为落实上述要求，环境保护部联合外交部、发展改革委员会、商务部四部委印发《关于推进绿色"一带一路"建设的指导意见》，这是今后一段时期我国推进绿色"一带一路"建设的纲领性文件和行动导则，体现了国家在"一带一路"建设中突出生态文明理念，推动绿色发展，加强生态环境保护，共同建设绿色丝绸之路的决心，具有十分重要的意义。为贯彻落实指导意见，环境保护部发布《"一带一路"生态环境保护合作规划》，明确了具体任务和项目，这既是贯彻落实生态文明和绿色发展理念的生动实践，又是落实生态环保服务、支撑、保障作用的有效途径。

为更好地落实国家关于推动绿色"一带一路"建设的要求，在环境保护部的指导下，中国—东盟（上海合作组织）环境保护合作中心编制出版了"一带一路"生态环保系列丛书。本丛书既包括《"一带一路"生态环境蓝皮书》综合研究成果，也包括环境法规、政策、标准与实践，环保大数据服务平台建设，对外投资与环境、国际贸易与环境、环保技术与产业、国际交流与合作机制等方面的专题研究成果，希望为绿色丝绸之路建设做出积极贡献！

2017 年 6 月于北京

前言

　　以色列地处地中海的东南，北靠黎巴嫩、东濒叙利亚和约旦、西南临埃及，是"一带一路"沿线重要的节点国家。以色列国内干旱少雨，土地贫瘠，资源匮乏，自1948年建国以来，一直坚持走科技强国的路线，创造了沙漠中的奇迹，成为中东地区经济发展程度、商业自由程度、新闻自由程度和整体人类发展指数最高的国家。

　　以色列在发展经济的同时高度重视生态环境保护工作，于1988年成立了环境部，负责国内生态环境保护工作。为更好地开展环境保护工作，环境部2006年更名为环境保护部，其主要职责包括管理和保护公共环境，制定环保规章制度，防止环境污染特别是水污染，促进资源有效利用和可持续发展。环境保护部成立之后，以色列环境科技也得到了快速发展，这为其提升环境治理效率奠定了坚实的基础，尤其是在水技术领域，取得了举世瞩目的成就。为解决工业、农业用水和河流水污染问题，以色列将污水回用率一提再提，截至2012年其污水回用率已达到86%，成为世界水资源回收利用率最高的国家，其水资源和水环境高效管理值得我们学习和借鉴。

以色列于 2015 年以创始成员国身份加入亚洲基础设施投资银行，积极响应"一带一路"倡议，为推进绿色"一带一路"建设，加强与以色列的环保合作，经与以色列及我国外交部、科技部沟通，原环境保护部与以色列环境保护部在 2017 年 3 月签署了《中华人民共和国环境保护部与以色列国环境保护部环境合作谅解备忘录》。为更好地了解以色列生态环保状况，本书主要围绕以色列环境状况、环境管理体制机制、环境科技、污水处理技术、国际合作开展情况和相关环境标准进行了介绍，以期为国内生态环境保护工作提供借鉴。

本书分为两篇，第一篇为以色列环境状况与管理体制机制研究，共七章，其中第一章由张扬撰写，第二章由雷钰撰写，第三章由雷钰和张扬撰写，第四章由雷钰撰写，第五章由雷钰和张扬撰写，第六章由张扬撰写，第七章由雷钰和张扬撰写。第二篇为以色列环保相关法律标准，由张扬、谢静编译整理。最终统稿和校对由国冬梅和张扬完成。参加书稿整理工作的成员还有中国—东盟（上海合作组织）环境保护合作中心的李菲、段光正。在书稿的撰写过程中还得到了西北大学雷钰教授课题组石豆、孙杰、王永平、周扬洋的大力支持，在此一并表示衷心的感谢。

由于作者水平有限，书中难免存在不妥之处，敬请批评指正。

目　录

第一篇

以色列环境状况与管理
体制机制研究

第一章　以色列国家概况[①]

一、自然地理

以色列位于西亚黎凡特地区，西面和南面分别被地中海和亚喀巴湾环绕。以色列目前实际控制国土面积约为 2.5 万 km²，海岸线长 198 km。以色列可划分为 4 个自然地理区域：地中海沿岸狭长的平原、中北部蜿蜒起伏的山脉和高地、南部内盖夫沙漠和东部纵贯南北的约旦河谷和阿拉瓦谷地。北部加利利高原海拔 1 000 m 以上，高原与地中海之间大小不等的海滨平原因其土地肥沃，故此是以色列主要的农业区；位于东北部的太巴列湖面积 170 km²，低于海平面 212 m，是以色列重要的蓄水库；东部与约旦交界处的死海面积 1 050 km²，低于海平面 417 m，是世界最低点，有"世界的肚脐"之称，湖中含有丰富的盐矿。最高山峰为梅隆山（Mt. Meron），海拔 1 208 m。以色列地形地貌见图 1-1。

（一）沿海平原

沿海平原是一条狭长地带，由北到南从海岸沿线平均伸进内地约 40 km。地中海沿岸平原占国土面积的 5%，土地肥沃，海法、纳塔尼亚、特拉维夫等大城市均

---

① 本章由张扬撰写。

分布于此，这里集中了全国大部分的工业、农业、旅游业以及近一半的人口，是以色列人口最稠密的地区。

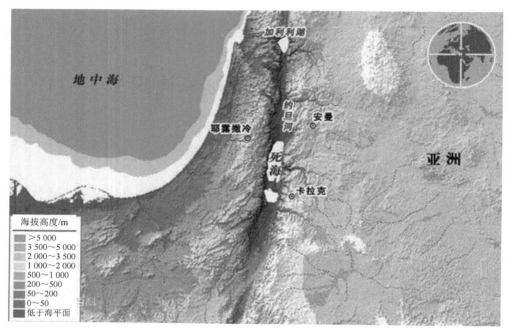

图 1-1　以色列地形地貌

（二）丘陵山区

丘陵山区地带从北到南主要有加利利山区、撒玛利亚山区和犹地亚山区。最北部的赫尔蒙山脉常年积雪。加利利山海拔 500～1 200 m，山间溪流和较充足的雨水使这里终年翠绿。加利利山和撒玛利亚山之间的杰茨雷埃勒谷地是以色列最富饶的农牧业区，占国土总面积的 25%。蜿蜒起伏的撒玛利亚和犹地亚山地，展现出岩石山峦与肥沃河谷交相辉映、城镇与村庄点缀其间的景象。从政治意义上讲，约旦河西岸包括撒玛利亚和犹地亚山地的大部分地区，巴以间存在争议的圣城耶路撒冷也坐落在犹地亚山地。

（三）约旦河谷地带

约旦河谷地带是一条纵贯以色列东部的大裂谷，其属于东非大裂谷的一部分，构成了以色列与约旦的边境。约旦河谷地带自北向南，依次是约旦河、加利利海（太巴列湖）和死海。约旦河全长约 300 km，源自赫尔蒙山，流经胡拉谷地后进入加利利海，然后穿越约旦河谷进入死海。约旦河像一条闪闪发光的银链，将加利利海和死海这两颗璀璨夺目的宝石串在一起。

加利利海位于加利利山和戈兰高地之间，是巴勒斯坦地区最大的淡水湖，也是世界上海拔最低的淡水湖。戈兰高地南北长 50 km，东西宽约 20 km，海拔约为 800～1 000 m，最高点在北部的赫尔蒙山上，海拔约 1 200 m。戈兰高地地理位置特殊，地势险要，易守难攻，战略地位十分重要，因此是兵家必争之地，目前戈兰高地被以色列控制。戈兰高地高出太巴列湖上千米，居高临下，对于严重缺水的以色列来说，掌控戈兰高地具有重大的战略意义和经济价值。

（四）内盖夫沙漠

内盖夫沙漠面积约为 1.2 万 km²，约占以色列领土面积的一半，但居民仅占总人口的 8%。内盖夫沙漠在地理上属于西奈半岛的延伸，地质构成主要是石灰岩和白垩岩，地势较平缓，外表呈低矮的砂岩山、峡谷以及干涸的河床。以色列建国后，进行北水南调和土壤改良，将内盖夫北部大片沙漠变成绿洲，出产的粮食、棉花、水果、蔬菜和鲜花，甚至可供出口。

以色列北部地区属于地中海气候，夏季炎热干燥，冬季温和多雨，不同的海拔气候也有较大的变化，低于海面的河谷地带，尤其是埃梅克谷以及约旦河上游的邻近地区，酷热潮湿。气温从北向南递增，夏季为 24～40℃，冬季为 10～17℃。每年 11 月至次年 3 月为湿季，之后是连续 7 个月的干旱季节。降水年际和降水量分布不均匀。降水量由北向南递减，北部约 700～800 mm，中部平原 400～600 mm，南部内盖夫沙漠只有 20 mm，全国一半以上的地区年降水量不足 180 mm，蒸发量却极大，这也是南部地区地下水多为咸水的原因。

二、自然资源

以色列自然资源贫乏，主要资源来源于死海中蕴含的钾盐、镁和溴等矿产以及近年地中海海域发现的大型天然气田。降水分布十分不均，水资源极度缺乏，主要来自约旦河、加利利湖和一些小河。动植物资源相对丰富，已识别的植物超过 2 800 种，可以看到的鸟类达 300 多种，还有 80 多种爬行动物等。

以色列地处气候和植被分布的过渡区，动植物种类较为丰富。北部地区是地中海式气候，南部是干旱的荒漠气候，中部是这两种不同生物地理区的过渡带，最适宜动物的繁衍生息和植物的生长。以色列有数百种动物，其中鸟类 300 多种。以色列很重视花卉的栽培，是世界第二大鲜花种植国，一年四季鲜花不断，诸如长梗玫瑰、郁金香、风信子、百合花、金盏花、藏红花等，大多销往欧美，是继荷兰和哥伦比亚之后，世界第三大花卉出口国，玫瑰花出口量居世界第一。

以色列钾盐丰富，为世界最大生产国，其他矿产资源较为贫乏，仅有磷酸盐、溴化物、镁、食盐、铜、石膏、石灰石、云石、石英砂和少量的石油、天然气等。

三、社会与经济

根据 1947 年联合国关于巴勒斯坦分治决议的规定，以色列国的面积为 1.49 万 km^2。1948 年 5 月 14 日，以色列国正式建立。建国时定都特拉维夫，1950 年迁都耶路撒冷，但特拉维夫仍是大多数国家驻以色列使馆所在地。耶路撒冷是以色列宣称的首都，同时也是以色列最大的城市。特拉维夫—雅法和海法是以色列另外 2 个现代化城市和经济中心。

以色列现实际管辖面积为 25 740 km^2，包括戈兰高地、约旦河部分地区。以色列的版图南北狭长，从最北边的迈图拉到最南端的埃拉特，全长约 470 km，东西最宽处仅有 135 km，海岸线长 198 km。

以色列是世界上唯一一个以犹太人为主要民族的国家。建国时，以色列有人口

80.6 万，1949 年首次达到 100 万人，1958 年人口达到 200 万。自 2003 年以来，以色列人口增长率为 1.8%，与 20 世纪 80 年代人口增长率相似。以色列中央统计局的数据显示，2017 年总人口已达 868 万，其中犹太人占 74.7%，阿拉伯裔以色列人占 20.8%，4.5%为没有在内务部登记的犹太人、德鲁兹人和切尔克斯人等。犹太人信奉犹太教，大多数阿拉伯人信奉伊斯兰教。

以色列是议会民主制国家，奉行立法、司法和行政机构三权分立原则。以色列没有正式的成文宪法，由一系列基本法来规定和制约国家政体中行政、立法和司法机构的结构与权限。总统作为国家元首，行使礼仪性和象征性的职责。现任总统为鲁文·里夫林（Reuven Rivlin），是以色列第十任总统。

以色列的政治体制主要包括议会、中央政府、地方政府和司法机构。议会每四年选举一次，为一院制，设有 120 个议席，主要职能是立法和监督政府工作。中央政府最高首脑为总理，掌握国家实权。现任总理为 2009 年当选、2013 年连任的本雅明·内塔尼亚胡（Benyamin Netanyahu）。以色列最大的两个政党是利库德集团和犹太复国主义联盟。地方政府根据政党选举按比例代表制产生。以色列司法机构设立最高法院、地区法院和基层法院三级法院，以《基本法》为主要的执法依据。最高法院大法官由总统根据特别委员会的推荐任命。

以色列政府机构由总统办公室、总理办公室及各部（局）组成。第 34 届政府部门包括：中央统计局、农业和农村发展部、通信部、邮政总局、住房和建设部、国防部、教育部、文化和体育部、科学和技术部、环境保护部、财政部、外交部、战略事务部、卫生部、移民部、经济部、内盖夫与加利利地区发展部、内政部、司法部、劳动和社会保障部、能源及基础设施建设部、土地管理局、公共安全部、警察总署、旅游部、交通及道路安全部、港口和铁路管理局、机场管理局、中央银行，两性平等、少数民族、老年居民事务部、民族宗教服务管理局以及国家审计和监察署。

除了上述政府部门外，以色列还有各种半官方性质的组织机构，如文物局、反垄断局、海关和增值税局、出口及国际合作协会、证券管理局、国家保险公司等。

以色列国防军（IDF）是全国唯一的军队，海军和空军都由陆军管辖。其他一些准军事部门负责不同层面的国家安全，如边界警察和内务部安全局。以色列实行义务兵役制，男性的义务役是三年，女性是两年。残障人士、已婚妇女或者出于宗教原因者可免服兵役。在宗教机构就读的学生可获得延缓征召。多数正统派犹太人士会不停地延迟服役，直到超出法定服役年龄，这种做法在以色列引起相当大的争议。为了避免在与其他阿拉伯国家开战时可能爆发的利益冲突，阿拉伯裔的以色列公民不在征兵范围内，他们也可以自愿从军。同样的政策也适用于其他非犹太裔公民。

以色列官方语言除通用英语外，还有希伯来语和阿拉伯语。主要宗教信仰有犹太教、伊斯兰教和基督教三大宗教。习俗方面，以色列是一个多文化和宗教融合的国家，作为一个发达国家，受欧美文化影响较多，所以人民性格多为直接开放，人们着装也比较随意和注重个性。

和其他国家相比，以色列重视科技和教育，科研人员占总人口比例位居世界第一；医疗水平先进，医疗条件位居世界前列；公会及非政府组织形式多样；治安状况总体稳定，但由于周边地区关系问题，特殊时期仍有遭遇恐怖袭击的风险，但以色列国民享有丰富而多样的福利待遇。

以色列是经济多元化的工业发达国家，农业、制造业和服务业占比分别为2.4%、25.7%和71.9%。2014年，以色列国内生产总值约为2 734亿美元，人均GDP为3.7万美元，是我国2014年人均GDP的5倍多，生活水平与大多数西欧国家相仿。以色列在通信、信息、电子、生化、安保和农业等领域技术先进，高科技产品在国际市场上极具竞争力。出口对以色列的经济增长具有重要作用，占以色列全年GDP的35%左右，出口产品以工业制成品为主，特别是高科技产品。进口则主要是原材料和投资性商品。以色列与中国人均GDP对比见表1-1。

表1-1　以色列与中国人均GDP对比　　　　　　　　　单位：万美元

	2010年	2011年	2012年	2013年	2014年
以色列	2.85	3.1	3.2	3.3	3.7
中国	0.43	0.543 2	0.61	0.676 7	0.738

截至2014年，以色列与159个国家有外交关系，在国外设有76个使馆、19个总领馆和5个代表团。绝大多数阿拉伯国家和一些反美的国家拒不承认以色列。

由于受自然条件和国际环境等因素的制约，以色列在原料、能源和产品销售等方面严重依赖国际市场。建国以来，以色列克服了诸多困难，建立了以科技研发为基础的经济发展模式，从一个以农业为主的国家迅速转变为发达的新兴工业化国家。以色列在农业技术、信息技术、遗传学、医学、工程学、物理学和国防科技等领域处于世界领先水平。如今，全球顶尖企业，诸如英特尔、IBM、微软、惠普、雅虎、谷歌等都在以色列设有重要的研发中心，以色列被世界经济论坛认定为全球技术创新领域的领先国家之一。世界经济论坛发布的《2016—2017 年全球竞争力报告》中，以色列排第 24 位，美国排第 3 位，中国排第 28 位；在"创新"指标中，以色列位居第 2 位，中国位居第 30 位。根据世界银行的资料，以色列有着中东地区管理最良好、对财产权利保护最佳的经济体制，是中东地区经济发展程度、商业自由度、新闻自由度和人类整体发展指数最高的国家。此外，以色列还有一个重要的产业是旅游业。以色列的旅游资源丰富，既有大量而珍贵的历史遗址，还包括犹太教、基督教和伊斯兰教等宗教在内的宗教遗迹，也有现代的度假海滩以及生态旅游。

以色列已基本上实现了城市化，90%的居民生活在城市。建国初期，只有特拉维夫—雅法市的人口超过 10 万，现已增至 14 个，其中耶路撒冷、特拉维夫—雅法、海法、里雄莱锡安、阿什杜德和佩塔提克瓦 6 座城市的人口已超过 20 万。但近年来，以色列的经济发展导致社会分化严重，贫富差距越来越大。

第二章　以色列环境状况[①]

一、水环境

受气候、地理和水文等因素的影响，以色列的淡水资源比较匮乏。无论在时间还是地域上，以色列的降水分布都不均衡。干旱或接近干旱的时期穿插着强降雨，75%的年降水量集中在冬季。北部的加利利部分地区的降雨量年平均达 950 mm，内盖夫南端仅为 25 mm。地表淡水资源集中在以色列的北部地区，主要包括以约旦河和太巴列湖为中心的水系。约旦河年径流 5.2 亿 m³，上约旦河流入加利利海，下约旦河注入死海。

除地表水外，以色列的中部山区和沿海平原的地下水是其重要的淡水资源。中部山区的地下含水层，北起海法所在的卡梅尔地区，南至内盖夫沙漠北端的贝尔谢巴。每年从该含水层抽水约 3.5 亿 m³，占全国用水量的 26%。西部沿海平原的地下含水层与中部山区地下含水层平行，大致也是从卡梅尔地区延伸至南部的加沙地带。以色列每年从该含水层抽水约 2.5 亿 m³，占全国用水量的 19%。由于地下水超采导致沿海一些地区出现地面沉降和海水入侵等一系列问题，因此以色列现在对地下水采集的控制已比较严格，并采用了地下水回灌的补救措施。以色列有 2 800 口开采地下水的水井，其中 1 300 口属于国家水务集团（Mekorot）。在沿海平原区还有 150 口水井，专门用

① 本章由雷钰撰写。

于补充地下含水的水量。

以色列是一个淡水资源比较匮乏的国家。保护和开发利用水资源是以色列生存发展的关键所在。建国初期，水就被定为国有资源，由政府掌控，并于 1959 年颁布了《水法》。水资源委员会是管理和保护水资源的政府部门，负责收集信息（包括水文服务机构）；制定发展水利经济的长期规划；通过颁发生产许可证来规范用水和监督供水单位、规定用水价格等。

以色列的耕地占国土面积的 1/5 以上，其中半数得到灌溉。20 世纪 60 年代，以色列人终于找到了能够大面积开发干旱少雨地区土地的金钥匙——滴灌技术。该技术在以色列农业生产中的普及率达 80%（世界第一），60% 以上的农田，几乎所有的果园、绿化区和蔬菜种植均采用滴灌技术进行灌溉。以色列铺设管网，采用自动控制系统，按时按量将水、肥料直接送入作物根部，不会产生地面径流和深层渗漏，可节水 40%～50%，水资源的利用率更是达到了 95% 以上。使用滴灌技术后，以色列农业用水总量一直稳定在 13 亿 m^3，而农业产量却翻了 5 番，农业产值不断增高。总之，以市场为导向，建立在低劳力、高技术、高投入和高产出基础之上的高科技农业已成为以色列的一个金字招牌，为全球沙漠农业的发展开辟了道路。

21 世纪，由于人口增长、工农业发展的压力以及气候的变化，以色列水资源严重短缺，是世界上最大的水透支国家之一。与主要含水层年平均补给率相比，这一累积赤字为 15 亿 m^3，相当于该国淡水的年消费量。为了满足用水需求，以色列正在实施与水量和质量有关的可持续性的水管理政策。目标是以平衡的方式利用以色列的天然水源，从淡化海水、脱盐咸水、净化废水等多种来源增加供水量。近年来，河流恢复行动计划已有显著进展，加强了对水资源污染者的执法力度。

（一）加利利海

加利利海又称加利利湖、太巴列湖、肯纳瑞特湖，位于以色列北部的提比里亚，是世界上最低的淡水湖，低于海平面 212 m。加利利海是以色列最大的淡水湖，湖面呈梨形，周长 53 km，长 21 km，最宽处 12 km，最大深度 44 m，平均深度 26 m，总面积 166 km^2，集水面积 2 730 km^2，蓄水量约 40 亿 m^3。该湖相当于是一座大型水库，是以色列最重要的地表水源，已完全实现人工调节，每年的抽水量约为 4.5 亿 m^3，约占全国用水量的 30%。国家水务集团通过水泵和管道将湖水配送到全国各地。

加利利海水源丰沛，北部三条支流（包括约旦河）年补给水量约 5 亿 m³。加利利海的水位取决于降水和流入量，以及抽出给消费者的水量。根据 1967 年通过的规定（水位规定）和 1968 年水秩序（确定允许水位）规定，加利利海的最低和最高水平：上红线：加利利海设置的最大高程被称为上红线，设置在-208.80 m。当水位超过此高度时，必须打开德加亚坝才能防止湖泊淹水。下红线：下红线设置在海拔-213 m 处。当水位低于此值时，从其中抽出水可能是危险的。不过，自 1996 年以来水位持续下滑，水务专员在某段时间内降低了这一法定限额，即黑线：-214.87 m。水务局警告说，允许湖泊低于这个水平可能会导致生态系统不稳定，水质恶化，并对自然和景观资产破坏，海岸线退化，对旅游和娱乐产生不利的影响。当达到黑线时，加利利海的泵停止运行。

抽水、钓鱼和娱乐活动对加利利海环境造成重大后果。加利利海沿岸的垃圾也是一个巨大的问题。这些活动威胁到湖泊的生态平衡和水质，破坏了景观，损害了附近居民的旅游和生活质量。

2007 年，加利利海及其流域的综合治理成为一个全国性项目，财政部在三年时间（2008—2011 年）下拨 710 万美元用于实施该计划。该方案由环保部（80%）和基内雷特地方当局（20%）资助。环保部负责：防止湖泊污染保持其海滩的清洁。2007 年 8 月 19 日，基内雷特镇协会第 2279 号决定获得批准，根据 2008 年"启蒙特海滩法规"设立了基内特尔镇协会。该协会负责管理和维护湖泊的海滩，协调参与相关加利利海管理的各个部门和组织，包括：规划和建设、旅游、水质、环境、健康问题等方面。协会共有 12 名成员，其中一名来自环保部，由部长任命。

（二）死海

死海南北长 75 km，东西宽 5～10 km，面积 1 020 km²。死海是世界上最深的咸水湖，平均深度 301 m，最深处为海拔-800 m。死海有"地球的肚脐"之称，湖面低于海平面 427 m，湖岸是地球陆地表面的最低点。死海无出口，进水量与蒸发量大致相等，也是地球上含盐量最高的天然水体之一，仅次于南极洲的唐胡安池和吉布提的阿萨勒湖。湖水的盐度高达 23%～25%，为一般海水的 8.6 倍，鱼类无法生存，只有细菌及浮游生物，因此被称为"死海"。因湖水盐分高，比重大，浮力大，可以将人漂浮在水面上。

死海具有极高的经济价值。死海是世界上氯化钠、氯酸钾、氯化镁等自然资源最丰富的地区之一。死海湖底还蕴藏石油，以色列和约旦正在勘探。死海还是闻名遐迩的度假疗养胜地，其独特的自然景观和养生条件吸引力了来自世界各地的游客，旅游收入相当可观。富含各种矿物质的湖水具有一定安抚、镇痛效果。富含矿物质的死海黑泥，具有减轻疼痛、健身美容的特殊功效。用海底的黑泥加工制作的护肤美容品可达到提亮肤色、改善暗沉、深层清洁、淡化纹路等功效。死海是地球上气压最高的地方之一。空气中含有大量的氧，让人感到呼吸自在。死海地区空气中的溴密度是一般地方的 20 倍，溴具有镇静疗效。因此，以色列在死海边开设了数十家美容疗养院和豪华宾馆。

然而，死海水位在不断下降。1958—2008 年，死海水位下降了 30 m 多，近年来则以每年约 1 m 的速度下降，预计将在 100 年内干涸，见图 2-1。

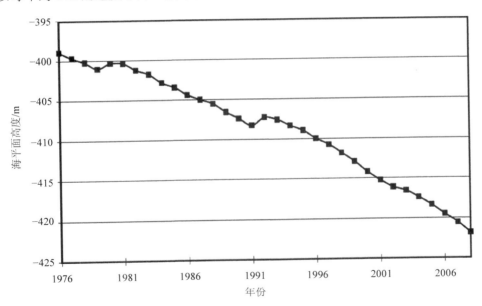

图 2-1　1976—2006 年死海水位变化图

资料来源：以色列环保部官方网站。

死海水位不断下降，面积缩小，走向"死亡"的主要原因有三：一是由于气候转暖、降水量下降、蒸发量增加。二是注入死海的水量减少。20 世纪 60 年代中期以来，以色列截流或分流了死海的水源——约旦河、贾卢德河、法里阿河、奥贾河、扎尔卡河和耶尔穆克河——的河水，致使流入死海的水量剧减。三是沿岸国对死海东西岸诸如钾、锰、氯化钠等自然资源的过量开采。以色列食盐的开采量比约旦多 4 倍。死海的南湖已完全消失，只剩下北湖了。为了延缓死海水位下降的速度，解决死海水资源所承受的越来越多的压力和由水位降低造成的环境危害，研究人员建议开凿从红海或地中海到死海的运河，以补充水分。

（三）地中海

以色列国位于地中海东南沿岸，沿海城市的海水淡化是未来以色列开发水资源的最大行业。

20 世纪 60 年代，以色列的科技人员就开始致力于研究开发海水淡化技术。以色列水资源委员会认为，解决以色列乃至整个中东地区水资源问题的根本出路只能靠淡化海水，海水淡化是消除未来用水"赤字"的唯一途径。与一般的海水淡化标准不同，该委员会要求淡化所生产的水必须高于饮用水的标准，尤其是氯化物浓度。其原因是以色列天然水资源的氯化物浓度偏高，注入这样的淡化海水可以使整个供水系统的氯化物以及硼离子浓度降低，并且使废水中的盐度降低，有利于农业灌溉。

进入 21 世纪后，由于技术成熟和成本降低，海水淡化生产量增长得尤为迅猛，以色列政府投资兴建了大规模的海水淡化厂。以色列共有 31 座海水淡化厂，规模较大的有阿什凯隆淡化厂、哈德拉淡化厂和帕尔拉其姆淡化厂。这些海水淡化厂从地中海和地下提取咸水，并将其转化成适合饮用与其他用途的淡水，年产量为 5.05 亿 m^3。

以色列非常重视保护地中海区域的环境。2002 年，环保部组成领导小组，检测确定地中海水质，并确定海洋环境量化标准。

（四）埃拉特湾

埃拉特湾（也称亚喀巴湾）位于红海北端，长约 180 km，平均宽度为 15 km，平均深度为 900 m（最大深度达到 1 850 m）。沿岸国家有以色列、埃及、约旦和沙特阿拉伯。以色列国位于埃拉特湾的西北端，海岸线长 14 km。埃拉特湾分为三个部分：沿北岸是一个缓缓倾斜的沙滩；中部是狭窄的粗砂和卵石海滩；南端是珊瑚礁和狭窄的海岸。西岸北部有商业港口码头、海军基地和油港（近年来活跃程度较低）设施。

埃拉特湾拥有世界上最北的热带海洋生态系统。埃拉特湾的海水清澈，珊瑚、鱼类和软体动物密集。附近的红色伊甸山脉以及围绕水面的干旱沙漠为该地区丰富的生物多样性创造了壮观的栖息地。这些独特和敏感的生态系统受到自然保护区法律的保护。离这个海上景观最近的是埃拉特市。该市常住人口约 5 万人，但作为度假胜地，这一数字在旅游旺季时会迅速翻番。此外，埃拉特的海滩和海域的军事、工业和商业活动十分活跃。这些频繁的活动，不可避免地破坏了埃拉特湾的自然环境和生态平衡，海水的清晰度和质量明显恶化。

近年来，海滩垃圾、油船泄漏、捕鱼、海水养殖、工业（包括水处理厂）废料，以及浮潜和潜水等活动明显危害到珊瑚礁的生存环境。珊瑚虫的数量减少，覆盖度下降，珊瑚礁钙化率降低。调查结果显示，1996 年，埃拉特地区约 70%的珊瑚存活，30%死亡；2001 年，情况逆转，只有 30%的活珊瑚，70%死亡。还有人提出，埃拉特的水域正在遭受营养和有机碳的持续侵害。1997—2003 年，北部海湾深水中的总氮增加了一倍。其主要原因是生活污水排放，以及码头船只、水产养殖等活动增加了水体中有机物和营养盐负荷。

埃拉特湾的海洋污染控制和反应站是以色列环保部海洋和沿海环境司下属的机构。该站点位于埃拉特珊瑚保护区以北，礁石储备和石油码头之间，专业视察员每天 24 小时监测，负责预防和治疗埃拉特—埃里洛特地区海域和陆地的环境危害。检查员定期处理各种污染源，努力防止污染，并负责确保违规者受到惩罚。

（五）水污染的治理

国家审计长约瑟夫·夏皮拉（Joseph Shapira）将水污染描述为以色列最严重的跨境环境危害，呼吁政府各部门共同努力，减少对以色列、约旦河西岸和加沙地带共同拥有的资源的污染。因为这种广泛的污染不仅损害了以色列及其邻国的地下水，还损害了公众的健康和生活质量。他认为，以色列政府尚未制定与邻国进行跨界环境管理的政策，对于通过绿线和加沙边界的危险，也没有出台任何政策。

1. 地中海和埃拉特湾的水污染治理

针对地中海和埃拉特水域的污染，以色列环保部门采取了以下几种应对措施：

（1）治理石油污染

由于严重的溢油事件可能对以色列的海陆地造成重大损失，环保部门高度重视防止这种泄漏。为此，制订了"打击海洋石油污染防范与应对国家应急计划"。以色列还签署了六项国际公约，重点是防止和处理石油污染。

（2）治理工业污染

海洋和沿海部门的代表担任部署海上排放许可证委员会的主席，该委员会详细说明允许哪些工业和污水处理厂将哪些材料排入海洋，以及何时何地可以排放。海事和海岸司负责确保工厂遵守许可证令，并在违规情况下执行处罚。

1988—2008 年，沉积物中铅与铁的比例趋势表明，从 1996 年开始，沿海沉积物的铅含量减少，见图 2-2 和图 2-3。20 世纪 80 年代末在欧洲，90 年代中期在以色列和 90 年代末期在埃及，转向低铅燃料，这种多年期趋势似乎反映了铅排放量的减少。

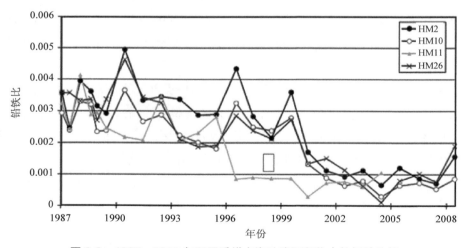

图 2-2 1987—2008 年不同采样点海法湾沉积物中的铅铁比例

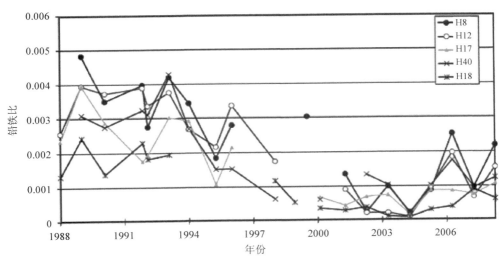

图 2-3　1988—2008 年地中海沿岸不同采样点沉积物中的铅铁比例

资料来源：以色列环保部网站，2008 年以色列地中海沿海水域的环境质量。

（3）治理港口污染

海法港和地中海及其附近的活动对陆地和海洋的周边环境都有重大影响。这些活动包括将废水和化学品排入海洋，以及港口的商业活动。环保部的任务是确保这些活动尽可能以环境安全的方式进行。该部门负责确保地中海港口和设施符合其营业执照和港口相关法律法规规定的环境条件。另外，该部还监督每个港口和设施的污染应急计划。以色列的大部分人口以及大部分的经济和商业活动集中在地中海沿海地带，距离地中海约 185 km。海岸分为五个地理区域。从北到南，他们是：西加利利（哈尼卡拉到海法）；卡梅尔海岸（海法到兹科隆雅各布 Zichron Ya'akov）；沙龙平原（兹科隆雅各布到特拉维夫）；中部沿海平原（特拉维夫到锡克马河）和南部沿海平原，也称为谢法拉或西内盖夫（以色列南部地区）。地中海继续向下延伸到加沙地带的海岸边界。

（4）治理河流污染

基顺河（Kishon River）是以色列最大的河流之一，长 70 km，流域面积约 1 110 km^2。基顺河管理局负责该河下游的 25 km。由于工业废水和城市废水排入基顺河，基顺河至入海口的最后 7 km，河水污染严重，对海法湾的自然生态系统造成破坏。河内沉积物分析显示，重金属浓度高，属于癌症高发区。

2000年以来，环保部加强对海法湾地区企业的监督和执法工作，严禁将工业污染物排入地中海。清理工程由基伍省河基管理局和基山排水事业管理局具体负责。由于获得排放许可证的条件越来越严格，企业自身则利用最佳可行技术来预处理废水。因此，海法湾的工厂通过基顺河进入地中海的工业污染物排放量大幅度减少。1998—2012年，未处理污染物排入海洋的排放量下降了99%，汞排放量下降了100%。有关更多数据和详细信息，参见图2-4～图2-8。

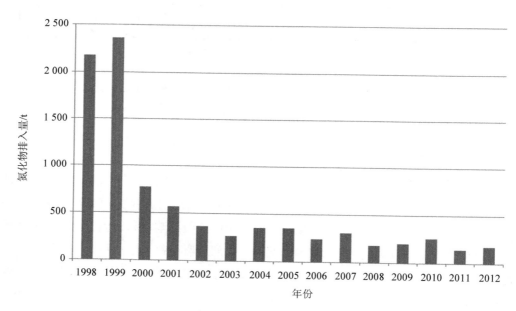

图2-4 1998—2012年基顺河排入海洋的氮化物总量

数据来源：以色列环保部官方网站。

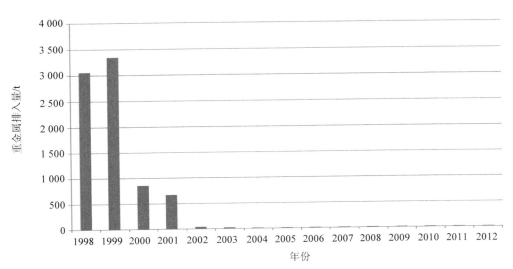

图 2-5　1998—2012 年基顺河排入海洋的重金属量

数据来源：以色列环保部官方网站。

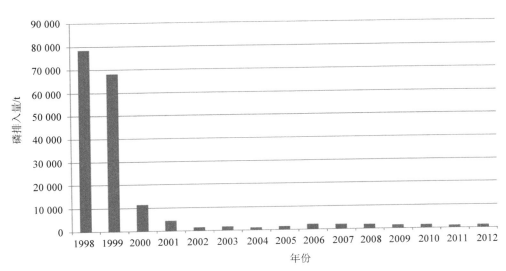

图 2-6　1998—2012 年基顺河排入海洋的磷总量

数据来源：以色列环保部官方网站。

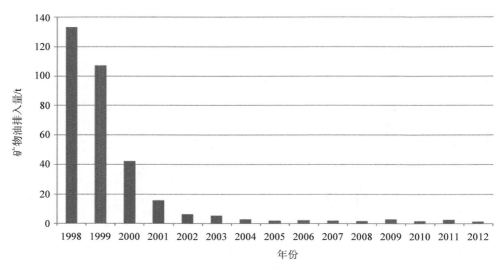

图 2-7　1998—2012 年基顺河排入海洋的矿物油总量

数据来源：以色列环保部官方网站。

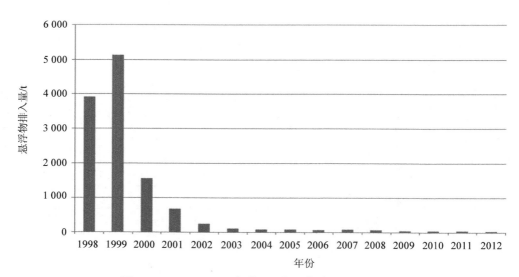

图 2-8　1998—2012 年基顺河排入海洋的悬浮物总量

数据来源：以色列环保部官方网站。

2010 年 1 月，议会内政与环境委员会批准了旨在确保污水处理厂的污水处理质量的标准。该标准设定了 37 个参数，污水必须按照严格的标准进行处理才可以排放，并规定了产生废水企业的义务，即制订废水监测和控制计划。污水处理厂排出的污水样本必须进行记录，结果必须公开发布，供公众查阅。

（5）实施清洁海岸计划

这个由环保部制定的方案旨在解决以色列未申报的海滩（禁止游泳，因为没有救生员）的垃圾问题。该计划的制订是因为当地方当局负责海滩的清洁工作时，发现未申报海滩的清洁度并没有得到保持。该计划旨在推广各种解决方案，包括例行清理，针对污染者的执法。该部还制定了清洁海岸指数，提供了关于未申报海滩状况的透明和及时的信息。这允许该部门对那些不履行法律责任的维权人员采取行动（如扣缴预算资金）。

（6）设立监测部门

监测部门的海洋环境监测计划涉及海洋中各种参数的抽样和测试。总体目标是为与海洋保护相关政策，包括执行海洋污染防治法和相关国际公约提供科学依据。在该部门的指导下，由以色列海洋和湖泊研究有限公司制定地中海监测方案。埃拉特湾计划的目标包括确定不同污染源对生态系统状况的影响，建立海湾海洋数据计算机数据库，制定海湾生态系统良好环境管理战略。埃拉特湾（亚喀巴湾）监测计划的结果每年报告一次。

2．以色列的污水处理

污水指的是所有流过水槽、淋浴、浴缸或厕所的水，也包含大部分在都市街道上流进排水沟的雨水。未经净化处理而直接排入湖泊或溪流的污水，势必渗透到地下蓄水层，造成严重的环境危机，危及人类健康。

污水处理一般经过两个程序。第一道程序是初期处理，水在流进污水处理中心入口一连串的拦污栅时，就会先滤掉像垃圾与碎片等较大的物体，之后才会进行主要的处理程序。之后这些浑浊的、闻起来很臭的污水，会被导入大型沉淀池，在那里，水中较重的固体与半固体有机物质，会因为重力而沉到池底。这些有机物质或污泥，通常会被放在密封包装里，运到垃圾掩埋场处理。剩下来的还有污染性的水，就会经由专门管线排放到溪流或海洋。人们很快就发现，在主要处理程序中还没溶解的有机物质，会导致水道中的氧气耗竭，因此又增加了一道程序。

　　第二道程序是，在混合物中加进大量的微生物与氧气，以清除大部分的有机物质。这些"饥饿而友善"的微生物会吞噬污水中的人类排泄物、皮屑、毛发、食物残渣等有机物质。"享用含氧大餐"的微生物迅猛繁殖，最后沉到池底，连同其他物质一起被清除。经过第二道程序处理过后的水质有所提高，但还不够安全洁净，残存大量的病毒与其他有毒物质，并且有挥之不去的异味。尽管如此，还是与第一道处理程序后的污水一样，也被排放到溪流与海洋，或是用于扑灭森林大火。

　　值得一提的是，以色列在处理城市污水时，充分利用当地的自然条件，创新出了第三道程序。

　　起初，以色列的污水也是未经处理就直接排放了。特拉维夫等沿海城市铺设了专用管线，排放居民产生的生活废水。排污管深入地中海 1 km，低于海平面三四米，这样做是希望潮流能将废物带走或带到海床上。至于内陆城市就靠附近的河川，把污水带到地中海。虽然设计这套系统的工程师已经尽可能设想周到，但由于潮汐的移动，污水时常会回流到岸边并污染海滩，严重影响以色列刚刚起步的旅游产业。

　　1956 年，特拉维夫等 7 个城市，合在一起称为丹区（Dan Region），占有以色列总人口的 1/3，污水比例则超过全国的 1/3。以色列政府决定，在特拉维夫以南约 13 km 的无人居住区修建夏夫丹（Shafdan）污水处理厂，把丹区的所有废水用大型管线输送至此并加以处理。由于预算与工程的问题，该项计划的进度比想象得要慢，直到 1973 年，这座污水处理厂才最终投入使用。

　　在污水处理厂兴建过程中，人们出现一种还不太确定的期望，希望这座设施兴建完成后，某些处理过的废水也许可以作为农业用水。出乎人们意料的是，夏夫丹完全改变了以色列的水资源面貌和农业，以及内盖夫沙漠地区的经济发展。

　　夏夫丹以南 8 km、距离地中海不远的内陆地区，那里有很多沙丘，沙丘下面 90 多米处就是蓄水层。20 世纪 50 年代末，以色列政府的地质学家与水文学家，开始思考蓄水层上方的细沙能不能当成另一个过滤器，来净化已经过第二道处理程序、但依然很脏的废水。就像当时的一般污水处理厂，夏夫丹处理废水只有两道程序，没有能力提供第三道处理程序所能做到的安全与洁净程度。

　　要验证砂滤法是否奏效，有其风险。万一只是部分处理过就渗到蓄水层的水，经过半年到一年的渗透，仍带着病毒与完整的危险微粒，就会污染地下的蓄水池，这些水就不能用来饮用或洗澡了。但如果砂滤法真的行得通，这些沙丘就能成为一个大规模且不含化学物质的解决方案，能处理夏夫丹每天处理过的大量污水。

如果沙子能作为处理媒介，将具有很多好处。第一，不需要再修建一座大型的废水处理厂。第二，被沙子净化后的大量的水，可以直接放在蓄水层，需要时再抽出来用，也不必再挖一座蓄水池。但最重要的是，这些回收水能用来灌溉。

夏夫丹的工程师还肩负另一个颇为重要的挑战：这个处理过的污水蓄水层中的水，一滴都不能流入附近的淡水蓄水层。因此，必须持续观测储存地区的水量，也必须在周围另钻特别的水井，以便观察与监控蓄水层中的水。毁掉一个蓄水层是一回事，这个国家承担不起失去一连串的蓄水层。

就在夏夫丹计划与测试如火如荼地进行时，强势的农业部资深官员约盖夫（David Yogev）开始主张，从夏夫丹与以色列其他污水处理厂经过第二道程序处理过的水，即可灌溉农田。但这并没有说服卫生部（The Ministry of Health）和环保部的工作人员，他们对此忧心忡忡。

卫生部的科学家担心，这些没有彻底净化的废水中的有毒物质会被植物吸收。如果在植物中确实出现了这种情形，就必须确认这些有毒物质不会转移到人体身上。相同的道理，如果用回收水灌溉的作物当成动物饲料，就必须确认鸡蛋、牛奶或肉品不会出现有害物质。基于这些顾虑，回收的废水只用于灌溉棉花等非食用类农作物。经过反复测试后，才陆续用来浇灌其他种类的农作物。

环保部则有不一样的顾虑。即使这些处理过的水，可以被用在非食品用途的工业用农作物上，环保部的科学家想要确认，这会不会对以色列的水井或其他地下水造成影响？如果灌溉用水中还有危险物质，看不见的有毒物质是否会渗过土壤，并污染到地下蓄水层。如果不小心使用，这些回用水将可能污染许多以色列不可或缺的地下水源。于是，环保部绘制了一张详细地图，明确标出各地所使用的不同程度的废水。任何可能有风险的蓄水层，都有严格的使用废水指导方针。尽管农民必须取得特别许可，才能使用不同处理程度的废水，但很多官员避免不了长期地担忧，农民是否会遵守详细的灌溉指南。

事实证明第三道处理程序是完美的，终于让大家松了口气。半年至一年间，废水经过沙层逐渐渗入蓄水层，几乎过滤掉所有的杂质，水质达到清澈的程度。农业部不仅为农业灌溉找到新的水源，而且也没有出现卫生部和环保部担心的污染问题。假以时日，农民们会依赖于这个新水源。

此后，从夏夫丹水库到内盖夫，铺设了一条直径 1.8 m、长约 80 km 的专用管线，为该地区农民提供新的灌溉水源。一开始，还对能使用夏夫丹的水灌溉的作物有所限制，但经过几年的测试，夏夫丹的水除了不能饮用外，已经可以像其他淡水一样放心使用。

夏夫丹不仅是中东地区规模最大、技术最先进的废水处理厂，解决了有关河流与海岸污染的环境问题与大众疑虑，而且还将回收废水用于农业灌溉。在夏夫丹成功后，以色列的城市都把收集和处理污水当成可以让国家更美好的水利资源。如今，以色列建立了一套独立的基础设施，专门用于收集与分配处理过的废水。85% 的回用净化水用于农业灌溉，还有一部分被排入河里，以增加河水的流量。回用水现在已占全国农业用水的 1/3，近 4 亿 m^3。以色列的目标是增加污水的回收使用，计划几年后要达到九成的回收率。相比之下，西班牙是废水回收利用的第二大国家，回用的废水占 25%，而美国则不足一成。梅克若公司废水与回用水部门主管亚何洛尼（Avi Aharoni）说："以色列现在处理如此之多的污水，其实与世界各地的先进国家没有太大的差异。不同之处，也是超越其他国家的地方，在于以色列有不少农作物是用这些回收水浇灌出来的。"

二、大气环境

（一）大气环境质量

随着经济的发展和工业化的不断推进，以色列的大气环境质量问题开始出现，并已引起很大重视。以色列环保部部长称："空气污染是以色列最严重的环境问题之一。"按照空气质量指数划分标准（即 0～50 为优、51～100 为良、101～150 为轻度污染、151～200 为中度污染、201～300 为重度污染、300+ 为严重污染），当前以色列空气质量整体情况较为良好。如图 2-9 所示，大部分地区空气质量为良，但某些污染物可能对极少数异常敏感人群健康有较弱影响；南部及西北部沿海少部分地区为优，即空气质量令人满意，基本无空气污染；西部沿海少部分地区为轻度污染，即易感人群症状有轻度加剧，健康人群出现刺激症状；海法的空气质量指数达到278，是以色列的重度污染地区，也是重点治理的地区。

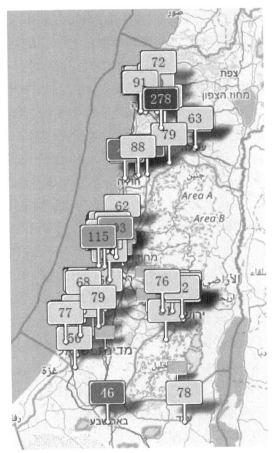

图2-9　以色列空气质量指数

资料来源：aqicn.org（2017-09-29）。

在某些方面，以色列的环境标准甚至比欧盟和美国更为严格。例如，在大气环境方面，与美国的7种污染物和欧盟的13种污染物相比，以色列的空气质量指数与38种污染物有关。其中较为重要的有温室气体（GHG）、氮氧化物（Nitrogen oxides）、硫氧化物（Sulfur oxides）、一氧化碳（CO）、可吸入颗粒物（$PM_{2.5}$及PM_{10}）、臭氧（O_3）

等。为了更好地对这些污染物实行监测，以色列建立了一整套国家空气监测系统，包括超过 140 个监测站，其分布从北部的加利尔到南部的埃拉特，遍布城市和乡村地区。这些监测站由不同的机构和实体运行，包括以色列环保部、地方当局、以色列电力公司和各工厂企业。虽然运行主体众多，但按照 2008 年颁布的《洁净空气法》，自 2014 年起，这些监测站均被置于统一的管理和准则之下，包括其位置、设备类型、数据的收集和分析等，因而保证了所有监测站数据的真实可靠性，可供公众查询。

以色列的空气污染主要来源于工业活动、交通运输、发电厂、建筑业、燃料使用、农业生产、垃圾填埋等人类行为，沙尘暴等自然活动也对其造成一定影响。与传统印象不符的是，在这几种主要污染源中，交通运输所占比重最大，达到 50%以上。据以色列环保部发布的公告，以色列每年有 2 500 人死于空气污染，其中一半是由交通污染造成的。这一数字是车祸死亡人数的 5 倍，比恐怖事件高出 100 倍，可见空气污染已成全国"第一杀手"。此外影响较大的是工业活动和发电厂，其排放的氮氧化物、硫氧化物、挥发性有机物及可吸入颗粒物等对以色列空气污染问题贡献较大。

对此，以色列已采取一定措施，如建立覆盖全国的国家空气监测系统、制定《洁净空气法》等。由于海法湾空气污染的严重性，以色列的空气污染治理重点关注这一区域，在海法湾设有 26 个监测站，是以色列最受关注的地区。虽然如此，海法湾排放的许多污染物还没有连续检测方法。此外，以色列已经开始了关于空气污染、土壤污染、水资源和河流污染的流行病学与环境研究。由环保部拨款 1 020 万新谢克尔，评估环境污染对不同环境介质和海法湾不同生态系统的影响，在审查了 20 多项流行病学和环境研究提案后，12 项新的研究提案获得通过。2016 年 4 月，以色列环保部还邀请了三个美国环境保护局的专家参与构建减少海法湾空气污染和环境风险的国家计划的框架。在政策方面，环保部的目标是制订一项行动计划以推动新技术的发展，并将以色列转变为环境技术的温室，希望能与经济部合作，把环境保护领域变成一个既能带来环境效益又能带来经济效益的关键领域。最后，环保部还在制订一个有着明确目标和时间表的行动计划，并伴以人员的增加，以使其执法工作更加有效。

总体而言，在以色列政府和社会各界的共同努力下，除一氧化碳的排放量稍有波动外，其他各项大气污染物的排放量均呈下降趋势。如图 2-10 所示。

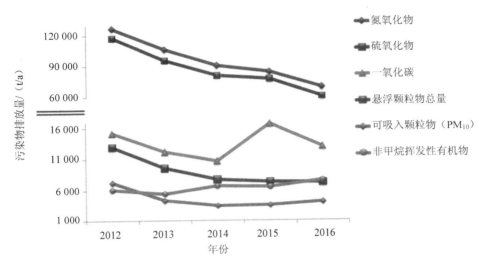

图 2-10　2012—2016 年以色列大气污染物排放趋势

资料来源：以色列环保部官方网站。图中数据不包括位于海上的诺贝尔能源地中海天然气钻井平台。

当前以色列对治理空气污染的目标是：能源效率方面，到 2030 年电力消耗相对于普通情况减少 17%；可再生能源方面，到 2025 年占总发电量的 13%，到 2030 年占17%；交通运输方面，到 2030 年私家车行驶里程相对于普通情况减少 20%。

（二）大气污染源

1. 火力发电厂

以色列发电厂的电力生产排放的污染物占全国硫氧化物排放量的 65%，占国家氮氧化物排放量的 45%，占全国颗粒物总排放量的 38%，占全国二氧化碳总排放量的60%。燃煤电厂的电力生产被认为是电力生产方式中污染最严重的，燃煤发电量比天然气发电量高出多达 30 倍的空气污染物。2015 年，在以色列的总发电量中，有 52.6%来自天然气，44.6%来自煤炭，2%来自可再生能源。2016 年，煤炭利用率下降到 35.9%，天然气利用率增加到 61.6%，可再生能源利用率增长到 2.2%（比 2015 年增加了 10%）。具体而言，燃煤机组发电量下降了 17%，从 2015 年的 29 180 MW·h 下降到 2016 年的

24 186 MW·h。2016 年，以色列的可再生能源发电量为 950 MW，其中 350 MW 是安装在屋顶的光伏系统，600 MW 是土地设施（主要是光伏和一些风能和沼气设施）。

发电厂的常规燃料燃烧导致含有液体和固体颗粒气体的排放，这种被称为废气的混合物通过工厂的烟囱以受控的方式从发电厂移除。发电厂烟囱排放的主要污染物有氮氧化物、硫氧化物（主要是二氧化硫）、颗粒物、一氧化碳和碳氢化合物，作为燃料完全燃烧后的产物还排出二氧化碳。应该注意的是，99% 的废气是过量的空气，意味着氮和氧气；废气中的空气污染物含量不超过 1%。除了上述污染物，煤厂还会排放其他如汞、硒、硼和二噁英类具有毒性和危害健康的物质，并且每年产生数十万吨煤灰。截至 2015 年中期，以色列有两个燃煤发电厂：哈代拉的 Orot Rabin 发电厂和阿什凯隆的 Rutenberg 发电厂。为减少污染，以色列已决定立即减少国内发电厂 15% 的用煤量，并在 2022 年关闭哈代拉发电厂的四个最古老的装置。以下是关于发电厂排放污染物的相关数据，其中包括发电厂排放污染物和温室气体的外部成本，即碳排放成本，见表 2-1 和表 2-2。

表 2-1　2009—2014 年电力生产的温室气体排放

年份	天然气使用的百分比/%	产生的电力强度/[g/（kW·h）]			
		二氧化碳	一氧化二氮	甲烷	二氧化碳当量（CO_2eq）[*]
2014	41.7	685	0.008 6	0.008 56	687.8
2013	40.6	700	0.008 48	0.009 36	702.8
2012	14.2	783	0.010 3	0.013 29	786.5
2011	32.1	733	0.009 25	0.010 21	736.1
2010	36.6	726	0.008 99	0.009 4	729.0
2009	32.6	736	0.009 5	0.009 52	739.1

[*]：温室气体不一定都是 CO_2，其他气体均根据对大气的影响换算成为二氧化碳当量。
资料来源：以色列环保部官方网站，塞缪尔·纳马研究所提供的数据。

表 2-2　2013—2017 年发电厂排放污染物和温室气体的外部成本　　　　单位：新谢克尔[*]/t

污染物	2013 年	2014 年	2015 年	2016 年	2017 年
SO_2	34 783	37 326	39 400	40 776	40 920
NO_x	20 144	21 617	22 818	23 615	24 856
$PM_{2.5}$	69 645	74 736	78 889	81 643	85 936
PM_{10}	49 648	53 277	56 238	58 201	61 261

污染物	2013 年	2014 年	2015 年	2016 年	2017 年
VOC	—	—	—	—	—
CO	—	—	—	—	—
CO_2	103	110	119	119	119

*：新谢克尔——以色列货币单位。以色列 1 新谢克尔=1.657 5 元人民币。

资料来源：以色列环保部官方网站。

2. 公路交通运输

如前所述，公路交通运输是以色列城市和人口中心的主要污染源，每年有上千人死于吸入汽车尾气，其"元凶"是柴油动力汽车，尤其是公共汽车和卡车。这些车辆排放的可吸入颗粒物约占车辆排放总量的 80%，尽管它们仅占以色列机动车行驶里程的 20%。由于车辆排放发生在地面，几乎没有扩散的机会，每年环保部空气监测站记录几十个违反空气质量标准（特别是氮氧化物）的情况。这些违规行为在特拉维夫大区尤为普遍。此外，沿海地区的排放物也会造成臭氧等二次污染，不仅影响特拉维夫等人口稠密地区的居民，还影响莫迪因（Modiin）、贝特西蒙斯（Beit Shemesh）和耶路撒冷等内陆地区，甚至远在南部的贝尔谢巴（Beer Sheva）。

另外，以色列拥挤道路上的汽车数量急剧增加，从 1990 年的 100 万辆增加到 2012 年的 270 万辆，使得这一问题更加严重。据以色列中央统计局统计，截至 2012 年年底，每 1 000 名居民的道路上共有 346 辆车。私家车的数量增长尤为显著，2015 年私家车里程达到了 4 170 万 km，相比 2014 年的 3 920 万 km 增加了 6%。道路和交通系统的适当规划可以大大减少汽车排放到大气中的污染物。

车辆和加油站排放的主要污染物有颗粒物、氮氧化物、碳氢化合物、一氧化碳和挥发性有机化合物，高浓度的这些污染物与人口发病率和死亡率的增加有关。颗粒物影响呼吸道疾病与心脏病的发病率和死亡率，直径较小的颗粒物因深入呼吸道而导致更大的健康损害；氧化氮影响呼吸系统炎症反应，哮喘和慢性阻塞性肺疾病（COPD）患者呼吸系统症状发作频率增加，还易导致由孕妇接触引起的胎儿损伤；碳氢化合物中一些化合物的致癌性损害中枢神经系统，导致疲劳、头痛、恶心、困乏；挥发性有机化合物中一些化合物致癌，损害肝脏、肾脏和中枢神经系统，导致眼睛、鼻子和喉咙刺激、头痛、协调性差、恶心、呼吸急促、皮肤过敏、疲劳和头晕。

为了减少汽车排放的污染物，环保部已经采取了一些政策措施，包括绿色税、汽车报废程序、废气排放标准和燃油质量标准、排放测试等。2016 年 7 月，经合组织公布的报告中显示：2009 年初以色列发起的绿色税收改革在购买新车方面对消费者行为的改变起到了重要的作用。绿色税每两年更新一次，根据国内生产总值和人口增长的变化调整。当前，每辆车平均二氧化碳排放量减少了 21%，其他污染物的平均排放量也下降了，尤其是氮氧化合物和颗粒物。虽然汽车购买量增多，但总体而言，氮氧化合物和颗粒物排放较二氧化碳排放量增加程度较低，颗粒物排放甚至减少了。

另外，改用混合动力出租车预计将使以色列的总氮氧化合物排放量减少 3%，同时每年减少二氧化碳排放量 6 万 t，如果改用电动汽车，温室气体排放量将进一步减少。以色列已批准一项计划，给 1 500 辆混合动力出租车提供每辆车 2 万新谢克尔、总预算为 3 000 万新谢克尔的补助。该计划已于 2016 年 12 月启动，目标是在 4 年内将 80% 的以色列出租车转换为混合动力或电动汽车。此外，一个为期两年、共计 2.6 亿新谢克尔的机动车污染减排计划被批准在 2017—2018 年进行，并将于 2017 年 7 月在海法城区看到第一个阶段的 25 辆电动公交车。

除鼓励措施外，以色列对于违规的公司则实行严厉的处罚措施。例如，2017 年 1 月，一家拥有 500 辆公交车的运输公司 Egged Hasaim 被处以 163 万新谢克尔的罚金，因其不遵守环保部在减少空气污染方面的规定，该规则已于 2014 年 9 月下达给全国各地 29 家规模较大的重型汽车公司。在 2016 年 6 月的检查中发现，该公司继续经营老式的有污染的公共汽车，没有处理有关污染物排放的公众投诉，也没有公开其车队的空气污染数据，这些都违反了规定。当得知将被施以 270 万新谢克尔经济制裁的意向时，该公司迅速在其 80 辆公交车上安装了微粒过滤器，以使减少罚款。这种细致的规定与严厉的处罚相结合的手段，有效地帮助了以色列机动车更改动力、减少污染物排放。

在空气污染尤为严重的海法湾地区，交通污染也是其污染物的重要来源。交通运输排放占海法湾大气污染物排放量的 30%～60%，其中包括 1/2 以上的氮氧化合物排放量、1/4 的非甲烷挥发性有机物排放量和 1/4 的 $PM_{2.5}$ 排放量，而柴油车排放的可吸入颗粒物占运输排放的 75%。

对此，2015 年以色列政府批准了"海法湾减少污染和环境风险行动计划"。该计划的主要内容是：在海法建立低排放地区（LEZ），其中柴油车辆被限制进入；补贴柴油车辆中的微粒过滤器；要求海法加油站安装减压系统。

2013—2017 年，交通运输部门排放污染物和温室气体的外部成本在逐渐增加，如表 2-3 所示。

表 2-3　2013—2017 年交通运输部门排放污染物和温室气体的外部成本　　　单位：新谢克尔/t

污染物	2013 年	2014 年	2015 年	2016 年	2017 年
SO_2	—	—	—	—	—
NO_x	75 461	80 978	85 447	88 461	93 113
$PM_{2.5}$	145 772	156 428	165 120	170 885	179 870
PM_{10}	94 707	101 631	107 278	111 023	116 860
VOC	21 454	23 023	24 302	25 150	26 473
CO	1 042	1 119	1 181	1 222	1 286
CO_2	103	110	119	119	119

资料来源：以色列环保部官方网站。

3．工业污染

除能源生产外，导致空气污染的主要工业部门是石油化工、矿产（采矿和采石业）、金属生产加工业和食品工业，以及与废物处理有关的额外活动等。排放污染物的主要工业过程是燃料（如燃油、瓦斯和天然气）的燃烧，以及不涉及燃烧但排放空气污染物的生产过程。有两种类型的排放：点源排放，即通过诸如烟囱堆叠或通风口的管道引导；非点源（弥漫性或逃逸性）排放，即由挥发性物质或颗粒物质直接接触环境造成的。这些排放源可能来自外地来源（坦克、游泳池、丘陵等）或设备泄漏（阀门、水龙头、联轴器等）。以色列的两个主要工业污染热点是海法湾和拉马特霍夫，阿什杜德工业区也与主要污染有关。表 2-4 为工厂造成污染的外部成本。

表 2-4　2013—2017 年工厂排放污染物和温室气体的外部成本　　　单位：新谢克尔/t

污染物	2013 年	2014 年	2015 年	2016 年	2017 年
SO_2	44 633	47 895	50 557	52 322	55 073
NO_x	31 724	34 043	35 934	37 189	39 144
$PM_{2.5}$	119 254	127 972	135 083	139 799	147 149
PM_{10}	77 142	82 781	87 380	90 431	95 186
VOC	16 615	17 830	18 820	20 502	20 502
CO	—	—	—	—	—
CO_2	103	110	119	119	119

资料来源：以色列环保部官方网站。

2009 年，环保部开始严格规范 15 个污染最严重的海法湾工业设施，从而使 2009—2014 年挥发性有机物排放量减少 61%。之后，另外 11 家工厂也受到严格的监管。根据 2008 年颁布的《清洁空气法》，排放许可证和营业执照的发放将包括使用最佳可行技术（BATs）来减少挥发性有机化合物和其他污染物排放，并遵守欧洲标准的要求。2015 年，议会通过了由环保部、金融部、交通运输部和卫生部联合提交的"海法湾减少空气污染和环境风险国家计划（2015—2020）"，即第 529 号决定。该计划耗资 3.3 亿新谢克尔，预计到 2018 年海法湾工业空气污染将减半。

此外，以色列还发布了一系列针对海法湾污染排放和环境公害的国家计划，包括：减少工业、运输和船舶的空气污染；扩大空气质量监测和采样；增加环境与健康调查与研究；减少有害物质的风险，如从海法湾卸下氨储存罐；建立基顺河公园；提供给公众透明和可访问性的信息。这些举措已取得了一定效果，从 2009 年至今，工业污染物排放减少的趋势是显而易见的。

4．焚烧农业废弃物

最危险的排放物可能是由焚烧塑料造成的。当废物被燃烧时，高浓度的空气污染物会对人类健康造成非常大的危害。在短时间内，它会灼伤人的眼睛、鼻子和喉咙，造成呼吸困难、头痛、呕吐；从长远来看，它可引起呼吸系统疾病的症状，如哮喘病和支气管炎（急性和慢性）。此外，废物燃烧产生的烟雾携带致癌物质、可能损害人体激素和免疫系统的物质，以及可能危害心脏系统的颗粒物。

在以色列的农业生产中，塑料的用途非常广泛，其中包括用于运输包装的大型塑料板材、聚乙烯覆盖膜、灌溉管道等。全国范围内使用量估计如下：10 000～20 000 t 塑料板、200 t 覆盖膜、5 000～10 000 t 灌溉管道。通常，农民在农田里燃烧塑料，未能妥善处理农药容器，也会直接导致污染排放。

颗粒物：塑料片和包装由有机材料制成，含碳丰富。燃烧的碳排放出 PM_{10} 和 $PM_{2.5}$。当 PM_{10} 颗粒燃烧时，会发出黑色烟雾，引起窒息感，并可能使附近的建筑物、物体和设备变黑。$PM_{2.5}$ 颗粒或可吸入颗粒可引起呼吸道刺激和疾病。慢性肺病患者、儿童和老年人特别容易吸入 $PM_{2.5}$ 颗粒，严重危害其健康。

有毒烟雾：燃烧废弃的农药容器会导致容器中残留物质的蒸发，这些物质在燃烧时有毒。

二恶英和呋喃：含有氯的产品（如 PVC）在燃烧时将会排放称为二恶英和呋喃

的污染物。这些是具有致癌性的高毒性物质，即使在低浓度下也是如此。

二氧化碳：任何燃烧过程的产物，是导致气候变化和全球变暖的温室气体。

5. 烧制木炭

木炭是由大量的被湿的稻草和土壤所包围的木头缓慢燃烧而成。这个过程发生在一个叫做窑炉的隔热室中，可能需要 15～30 天的时间，这取决于使用的木材的季节、类型和数量。其生产导致污染排放，烟雾量大，气味强烈，对生活在生产炭窑附近的人们的生活质量和身体健康造成严重影响。

在以色列，有数十个（或更多）的木炭窑在其北部运行，主要在乌姆法赫以东地区。这些木炭窑常见于约旦河西岸 A 区或 B 区，以色列当局无法控制。他们确实控制了 C 区和以色列的窑炉，而环保部已经关闭了在 2012—2016 年发现非法经营的 700 个窑炉。这些窑炉中使用的大部分木材是连根拔起的柑橘树和鳄梨树等，来自以色列中部的果园。政府部门规范了木炭制造过程的这一目标，对木炭窑中使用的木材进行监督。2013 年，国防部成立了大卫部队，部分原因是为了防止把西岸地区的废物和原木偷运到以色列，2016 年又增加兵力，以加强监督和管理。

（三）温室气体

2015 年，电力和能源部门是以色列温室气体的排放"大户"，占总排放量的 62%，其次是运输业，占比为 25%。

根据《联合国气候变化框架公约》报告，政府以及私营和公共机构需要报告以色列的温室气体（GHG）排放情况，而公司和其他实体则向以色列环保部报告。有些报告是强制性的，而其他报告是自愿提交的。以下是以色列政府关于提交温室气体报告的相关制度。

监测、报告和验证（MRV）：环保部已经采取了初步措施，建立了国家监测、报告和验证系统。该制度将监测政府温室气体减排措施的实施情况，并将审查是否有必要采取额外的政策和减排措施来达成以色列的减排目标。以色列的 MRV 系统正在为国家使用而设计，并且也将成为向《联合国气候变化框架公约》提交关于以色列在实施温室气体减排措施方面取得进展的报告的机制。

自愿温室气体登记处：以色列于 2010 年 7 月发起了一个自愿的国家温室气体登

记册。所有部门的组织和公司被邀请参加登记册，同意直接和间接地报告其年度温室气体排放量。参与是自愿的，选择参与的人员预计将使用环保部的官方量化方法和程序来计算和报告排放量。准备自愿性报告给参与者增加了确定节约能源和资源机会的好处，从而降低了成本。

温室气体报告结果：截至 2014 年年初，已有 50 家公司和机构加入了注册管理机构，大多数（尽管不是全部）已经提交了排放报告。这些实体的温室气体排放量占总量的 68%。表 2-5 是一些企业实体的温室气体排放情况。

表 2-5　2010—2015 年提交温室气体排放报告的企业实体的排放量

年份	提交报告的企业实体数量	企业实体的排放量（二氧化碳当量）	以色列的总排放量（二氧化碳当量）	企业实体排放量的占比/%
2010	21	46 800 000	76 400 000	61
2011	36	49 700 000	78 400 000	63
2012	42	54 500 000	83 000 000	66
2013	50	47 400 000	78 200 000	61
2014	52	43 400 000	76 000 000	57
2015	51	42 800 000	74 000 000	58

资料来源：以色列环保部官方网站。

温室气体清单：以色列中央统计局每年都会公布以色列的温室气体清单，该资料随后由联合国气候变化框架公约出版。

污染物排放与转移登记制度：是向空气、水和土壤释放的污染物的环境数据库或清单，并转移到场外进行处理或处置。共有 114 种（或组）污染物必须报告，包括导致气候变化的温室气体。

此外，对于温室气体的减排，以色列还有一些相关决议如下：

（1）第 4095 号决议：2008 年 9 月 18 日，以色列颁布了第 4095 号决议，决议规定以色列政府将实施一系列跨部门节能措施，将在 2020 年之前将电力需求减少 20%。2010 年，国家能源效率计划由国家基础设施部制定和出版。然而，该计划最终被冻结，其中许多内容被纳入"国家减少温室气体排放计划"。

（2）第 1977 号决议：2010 年 7 月 15 日，国家基础设施部长与环保部长协商，拟定国家节能措施。在此决定之后，修订了《1989 年能源法》有关能源等级、能源效能标签、大型建筑太阳能装置等的新规定。

（3）第 2508 号决议：公布于 2010 年 11 月 28 日，这是批准 "国家减少温室气体排放计划" 的决议。该计划涉及几个能源相关方面，包括提高能源效率，于 2014 年 6 月被取消。

（4）第 542 号决议：公布于 2015 年 9 月 20 日，将 2025 年国家人均温室气体减排目标定为 8.8 t 二氧化碳当量，到 2030 年将达到 7.7 t 二氧化碳当量。该决定列出了部门具体目标，其中 2030 年的电力消耗相对于通常情况减少 17%。

（5）第 1403 号决议：2016 年 4 月 10 日通过的 "国家实施温室气体减排目标和能源效率国家计划"，该计划旨在实现第 542 号决定中确定的目标。

减少温室气体排放的努力在世界各地被接受，是阻止气候变化的最佳方法之一。包括：更有效地利用化石燃料进行能源生产和工业过程；使用可再生能源；修筑隔热更好的建筑物，以提高能源效率。2015 年 9 月，以色列致力于到 2030 年将人均温室气体排放量比 2005 年的人均排放水平降低 26%。2016 年 4 月，政府通过了旨在实现这一目标的国家计划。2016 年初启动了几个初步方案，以满足以色列的能源效率和温室气体减排目标。对资助项目的第一轮拨款（共计 7 500 万新谢克尔）公布于 2016 年 12 月，补助金有待于 2017 年中审核。2017 年 1 月，以色列公布了一份更新的能源效率国家计划，该计划评估了以色列所有能源部门，并提出了每一种能源效率的解决方案。

目前，以色列减少温室气体排放的措施已取得一定成效。据向污染物排放与转移登记体系提供的报告，自 2012 年温室气体的排放量减少了 17%。如图 2-11 所示。

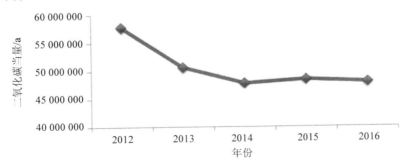

图 2-11　2012—2016 年温室气体排放量

资料来源：以色列环保部官方网站。

三、土壤环境

土地覆盖面涉及占地面积全部，包括现有的土地用途，如城市、村庄、工业区、采石场、森林等。持续而不受干扰的开放空间的特点使生态、景观和环境价值提高。建筑区域由于其分散性和基础设施的多样性而对开放空间产生了重大影响，超出了其绝对尺寸，从而使开放空间和生态系统分裂和平分。土地利用信息为规划系统提供基本数据，反映了开放空间保护的水平，这是生态系统功能的基础。

以色列的土地面积很小，人口密度较大。以色列面临的挑战是继续为居民提供住宅、工业和交通发展的必要空间，同时保护国家的开放空间。2007 年，以色列的建筑面积为 1 147.5 km^2，占全国土地面积的 5.3%。这个数字不包括国防系统区域或城市间公路区域，这两个区域都应该被添加。如表 2-6 所示。

表 2-6　2007 年以色列土地利用情况

建筑区域	面积/km^2
居住区（包含旅游人口）	878.5
工厂和商业	214
石场、墓地	55
总计	1 147.5
空地	
地中海地区的自然植被	3 300
沙漠地区的自然植被	12 000
森林	950
农业	4 200
总计	20 450
总计（建筑区域+空地）	21 597.5

数据来源：以色列环保部网站。

土壤污染对公共卫生、地下水水质以及动植物群体构成巨大威胁。工业区、加油站、垃圾填埋场和危险废物存放处等区域是土壤污染的重灾区。近十年来，环保部在全国确定了约 1 325 个受污染场地，并对其中几处采取补救措施。在最近的一项调查中，确定了约 3 300 个疑似污染场地以及约 23 000 个潜在的污染源。

在财政部资助下，环保部绘制国家级和行政区级的污染区域地图。例如，在特拉维夫大都会区与水务局和内政部规划管理局合作，针对特拉维夫地区对涉嫌或已知污染地下水的土壤或土地进行勘测并绘图。"污染地图"将在专门的地理信息系统（GIS）中显示。

2012 年，根据《环境保护法》建立了"污染物排放与转移登记制度"——一项关于排放和转移的数量、类型及位置等环境信息公开的制度。2013 年 1 月，以色列加入了《关于污染物排放和转移登记册的基辅议定书》。

四、固体废物

以色列是世界上人口密度最高的国家之一。人口密度（不包括人口稀少的内盖夫沙漠）为平方千米超过 550 人，荷兰、日本和比利时则为 350 人。该国正在逐步关闭管理不善或不适当的垃圾场，选择开放符合严格环境标准的新址。在此调整过程中，"邻避效应"（Nimbyism，即一地居民反对在此地建设对社会有益的新的发展项目，因为该项目可能会给该地带来环境污染、公共健康风险、治安隐患等不良影响）凸显。1993 年，以色列政府关闭大多数垃圾场，代之而起的是 5 个国家性和 14 个区域性的最先进的堆填区。根据环保部发布的《以色列环境公报》（1997），家庭废物的回收利用率由 4%跃升至 10.5%。回收率明显提高的原因是多方面的，例如，废物运输到更偏远的批准堆填区的成本增加、新厂址收费较高、分拣设施的更新、增设废物回收站和公众环保意识提高等。

2006 年，以色列颁布《可持续生活垃圾管理总体规划》，确定了废物回收和再循环的优先事项和确定目标。2010 年的"回收行动计划"制定了单独的废物收集和回收利用生活垃圾的方案。这两项重大举措为发展更现代化的城市固体废物管理政策奠定了基础。

根据垃圾处理场地经营者提供的报告，2010 年以色列全国废物总量为 5 728 610 t，其中 5 053 368 t 被填埋。假设废物量年增长率在 3%～5%之间，每个居民平均每天产生 1.9 kg 废物，估计以色列六大行政区的废物产生量如表 2-7 所示，其中有机废物的数量假定为废物总量的 30%。

表 2-7　2010—2025 年以色列六大行政区每日产出废物的估量　　　单位：t

	2010 年（总量）	2010 年（有机物）	2020 年（总量）	2020 年（有机物）	2025 年（总量）	2025 年（有机物）
北部区	2 405	722	3 232	970	3 747	1 124
海法区	1 717	515	2 308	692	2 675	803
中央区	3 767	1 130	5 063	1 519	5 869	1 761
耶路撒冷区	2 059	618	2 767	830	3 208	962
特拉维夫区	2 439	732	3 278	983	3 800	1 140
南部区	2 074	622	2 787	836	3 231	969
总计	14 461	4 339	19 435	5 830	22 530	6 759

资料来源：以色列环保部官方网站。

以色列环保部每隔数年就要进行一次全面调查，以便了解产生的废物的构成进而回收利用。2014 年 5 月，环保部公布了 2012—2013 年的调查结果，如图 2-12 和图 2-13 所示。

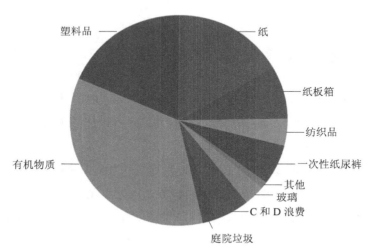

图 2-12　以色列的固体废物组成（按重量划分）

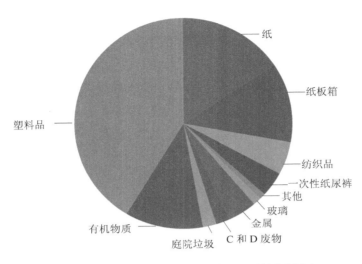

图 2-13　以色列的固体废物组成（通过体积划分）

2012—2013 年，以色列共产出 540 万 t 废物，约 75%的废物被填埋，其中 180 万 t 是可生物降解的固体废物。约 25%的废物被回收利用，总量约 90 万 t，其中有机废物 22 万 t、纸和纸板 42 万 t、塑料 0.06 万 t、金属 25 万 t。废物的年增长率为 1.8%。以色列政府的目标是在 2020 年固体废物的回收利用率实现翻番。

环保部倡导综合指挥与控制（CAC），并利用金融工具促进循环再造。要求城市和企业达到特定回收利用和减少废物目标的规定；限制或禁止进口便宜的回收废料（如塑料）；回收厂补贴一次性软饮料容器生产商的总包裹费用的 0.25%。另一方面，由于地方政府的政治压力，环保部补贴了额外的费用，因为市政废物需要迁移到正式批准的管理较好但更为遥远的垃圾填埋场。填埋仍然是城市固体废物（MSW）和建筑垃圾（C&D）的主要处置方法。截至 2013 年中期，全国大部分城市固体废物集中在 14 个堆填区，有 11 个垃圾填埋场用于处理建筑垃圾。此外，以色列环保部和财政部根据《商品和服务价格法》签署了一项价格监督令，要求任何处理混合垃圾的公司必须呈报价格和利润。

环保部增加对废物收集和回收倡议的支持，制定《五年（2016—2020 年）激励计划》，其目的是提高城市固体废物的回收和再利用，通过对比上一年增加的回收和再利用的废物每吨进行准许的金融支持，来减少垃圾填埋和提高废物市场效率。到目前为止，环保部已经选择了三个服务于 36 个地方当局的市政公司，另有追加资金共计 1.5 亿新谢克尔，预计在不久的将来提供给另外 40 个地方当局。该项目成效显著。

最近，以色列环保部与塔米尔回收有限公司达成新协议，其中包括使居民更方便地使用垃圾箱，目标是在三年半的时间里，在全国 80%的家庭附近放置一个橙色垃圾箱用来打包垃圾。与此同时，环保部正在审查能够使回收市场竞争更激烈的组织模式，并且正在制订一项新的全面战略计划，以进一步提高回收率。

第三章　以色列环境管理[①]

一、环境管理体制

以色列的环境管理主要由以色列环境保护部（The Ministry of Environmental Protection，MoEP）负责。在 1972 年斯德哥尔摩联合国环境会议前，以色列关于环境保护方面的职能分布在其内阁的多个部门。根据 1988 年以色列政府的 5 号决议，以色列政府决定成立环境部，以解决其国内的环境问题。2006 年 6 月，在政府第 193 号决议中，以色列内阁批准了环境部长吉迪恩·以斯拉将环境部名称变更为环境保护部的请求。以斯拉解释说，"名字的变更更好地反映了保护环境的这个目标，以色列的环境需要保护，而政府则在夜以继日地实现这一目标。" 目前，环境保护部负责全国范围内的环境保护工作，主要职责包括集成和制定相关的环境保护政策。

环境保护部目前按照三级来运行，即国家层面、区域层面和地方层面。

在国家层面上，环境保护部负责制定全面综合性的政府政策，以及战略、标准和环境保护工作的优先领域。环境保护部下设相关专业的司局处室来处理环境问题以及管理机制和公共关系。

环境保护部约有 600 名员工，主要分为六个主要部门，每个部门都包含相关处室。此外，环境保护部还运行着全国 6 个区域办公室。

在环境保护部的六大主要业务部门中，首席科学家办公室是业务部门活动所依据的专业基础。首席科学家与部长、总干事和业务部门确定协调一致的目标。首席科学家办公室通过征求建议书资助有关环境问题的研究。这些研究有助于更好地了解影响以色列环境的进程，因此是该部门政策制定的一个重要基础。

首席科学家的主要任务：向部长、总干事和部门工作人员提供关于环境科学和技术事项的战略性咨询，包括根据所签订的国际公约，在以色列解决环境问题的方式（如主要发达国家和经合组织国家的环保政策与措施）；由以色列环境事务专业人员和外部专业人员协商确定研究重点，包括与环境事项有关的多学科研究；提出反映部门优先事项的建议书；负责评估提交给该部的研究计划；为与该部合作的外部研究人员提供资金。跟进这些研究的执行情况，可以通过以下方式进行，包括传播书面作品，学术会议和讨论，工业行动和公共部门的决策；维护和促进与环保领域工作的国际研究机构和组织（以下多为以色列周边国家以及欧洲的环保组织）的联系，包括 Circle-2，ENPI-SEIS，"2020 年行动计划"和世界卫生组织"欧洲环境与健康进程"。促进在以色列和国外的研究基础上的合作；制定促进环境事务研究和技术援助的双边协议；加强和环境技术部门人员、其他部委、学术界和行业首席科学家办公室之间的联系；参与各级教育体系的环境研究；促进以色列环境保护必备科学领域的学习和培训；组织学术界、研究机构、行业代表、公共部门等专家参与有关环境问题的专业研讨会；联合政府行业等促进环境标准制定；收集部门决策者的国家和国际环境数据，编制有关报告，包括该部的年度报告以及环境状况的评估。

首席科学家的工作重点：科学知识的进步将继续是该部工作的专业和基础；生态创新（建立和推进技术创新和环境商业模式）；制订一项关于健康和环境的国家方案，其中将包括增加关于环境因素对公共卫生的影响的一般知识；制订适应气候变化的国家计划；使得国内外的政策制定者和公众都可以取得环境保护案例和相关数据，最终目标是建立国家环境数据系统；促进与学术界、研究机构和组织的关系；鼓励在高中阶段进行环境科学研究等。

在区域层面，环境保护部根据内政部划分的片区，也设置了相应的区域办公室，分别是北部地区、海法地区、中部地区、特拉维夫地区、耶路撒冷地区、南部地区和朱迪雅与撒马里亚地区。每个区域办公室根据相关区域的环境需求进行管理。区域办公室的主要职责有：

（1）执行国家政策；

（2）参与规划进程；

（3）告知区域当局环境责任；

（4）对区域当局进行环境监督和执法；

（5）为营业执照的申请制定环境方面的要求；

（6）对区域环境单位进行监管和引导；

（7）发起和促进地区环保项目。

在地方层面，环境保护部在全国范围内的区域支持了 52 个环保单位和城市协会。总体而言，这些环保单位为全国 85% 的人口提供了服务。他们主要负责将环保成果和国家政策在地方层面进行执行。他们也为地方当局提供环保咨询服务。

地方环保单位主要处理以下各种复杂的环境问题：

①空气监测。空气质量监测系统的建设和运行，主要在发电厂运行的地区。

②对排放工业废水、工业废物和危险废物有关的行业进行监督管理。

③环境规划。参与地方规划过程，并将环境考虑纳入规划，有时通过使用环境影响评估。

④处理噪声的滋扰。

⑤处理企业许可。

⑥为教育制度和广大公众建立教育信息中心。

⑦处理与农业部门有关的生态环境问题。

这些部门也是地方当局的环境顾问，为各地环境事务工作者提供专业的帮助和指导。此外，他们也常常负责与政府机构以及公共和私人组织等外部各方建立工作关系。

以色列环境保护部的组织机构见图 3-1。

环境保护部的主要职责是管理和保护公共环境，制定环保规章制度，防治环境特别是水资源污染，促进资源有效利用和可持续发展。

地方政府负责其管辖范围内的关于公众健康、废物废料和环境清洁等方面的环保事务。

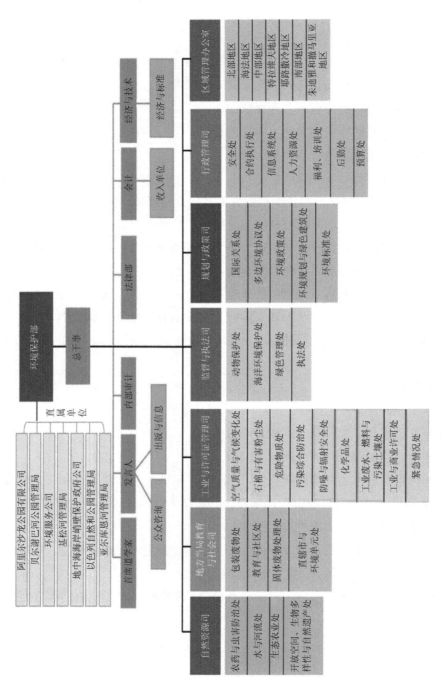

图 3-1　以色列环境保护组织机构

以色列环保部 2017 年度工作目标主要包括：

（1）海法湾：建立低排放地区（LEZ）；资助重型车辆转为天然气发动机；提高工业污染标准；加强监督执法力度，进行更先进的监督。

（2）交通运输空气污染治理：鼓励使用污染较少的绿色能源车，卡车和公共汽车进行电动化转换，绿色税法改革及其他激励措施。

（3）火灾防范：规范农业废物的处理，建立适当处理农业废物的公共设施，实施消除非法木炭窑的部际行动计划。

（4）加强执法力度：通过建立区域检查单位、国家执法行动、品牌监督执法活动，加大车辆空气污染监测力度，大力加强监督执法行动，挽救生命，改善公民健康状况。

（5）固体废物处理：确定卫生部的政策，制定国家城市垃圾处理战略。该计划将有助于在国家一级简化废物管理，同时减少垃圾填埋和提高回收利用率。

（6）公共服务：通过运营统一的环保单位，减少官僚主义和程序，为地方当局出台指标，建立商业用户门户，改善对公民、地方当局和企业的服务。

（7）环境技术：促进专业团队的角色是将以色列置于环保领域的先进技术力量。环保部要开发、实施和出口以色列环境技术，创造替代品和解决方案，参与国际倡议和研讨会，以继续学习和合作。

二、环境管理相关法律法规

以色列重视环境保护、环境立法，法制健全。立法形式灵活多样，诸如法案、法规、行政命令和规章制度以及国际环境法等。环境法涵盖了自然和自然资源（空气、水和土壤）的保护、环境损害（预防空气、噪声、水质和海洋污染）的减轻和预防以及致污物和污染物（有害物质、辐射以及固体和液体废物）的安全处理。除了针对具体环境问题处理的法律法规，以色列的环境立法还包括规划和建筑法、企业许可证法等，为控制资源的使用和促进可持续发展建立了一个框架。

以色列主要的环保法律法规有《环境保护法》《公共卫生条例》《消除环境危害（民事诉讼）法》《减少污染法》《公共机构环境法》《环境信息自由法》《地方当局环境执法法》《清洁空气法》《水法》《动物福利法》《建筑规划法》《危险品法》《海岸环境保

护法》《野生动物保护法》《非电离放射法》《废品回收采集和处理法》等。近年来，随着环境保护工作的深入，针对相应的环境污染问题，以色列政府出台了新的法规完善法律体系，例如 2017 年 1 月 1 日正式生效的《塑料袋法》和规范害虫防治活动的新法律等。

环境法的制定和颁布是建立在司法的公正性之上，环境公正是以色列环保部门制法、执法的核心。环境公正是环境成本和效益的公平分配，是环保部环境司法战略的核心。"环境公正"计划旨在确保所有人口享受清洁环境的利益，没有一个人因环境污染而受到危害。方案的基础是坚信每个公民都有权享受清洁空气和水、可居住的土地、自由进入景观和自然遗产地，并防止环境污染和危害。

2013 年，埃里尔·佩雷茨（Arir Peretz）出任环保部长后，立即呼吁制定环境公正战略。该部门通过研究美国环境公正的演变，开始这个过程，直到制订了环境保护局（EPA）环境司法计划，被称为"2014 年计划"。与此同时，一项环境社会研究发现，虽然以色列在这个问题上几乎没有政府活动，但时间安排是影响变革的理想选择。特别是在 2011 年的社会抗议活动之后，公众环保意识上升，并且越来越多人认识到环境与健康之间的联系。因此环保部制定了长期战略，其中包括：起草政府与公民之间的环境司法公约；少数民族和低收入社区的废物管理计划；环境国家服务；教育和能力建设。自从制定战略以来，国土资源部门也采取相应步骤，将环境司法原则纳入其计划、政策和行动。

2014 年 6 月，环保部向以色列议会提交了一份有 15 项准则的环境正义议案。由于少数民族和低收入人口往往不成比例地遭受环境危害，环境正义方案的首要目标之一是提高以色列少数民族和低收入人群的环境意识，并提高低等级的环境质量社会经济社区。环境领域的国家服务被认为是社会经济流动的潜在驱动力。因此，该计划的公务员部门将国家服务志愿者送到少数民族和外围社区，以教授他们关于可持续性和废物管理。这条轨道专门针对以色列籍阿拉伯人和极端正统派的犹太人。其目标有二：一是提高这些社区的环保意识；二是为志愿者提供有助于他们在国家服务后融入社会的经验。

2014 年开始实施一项试点方案，以色列保护自然协会培训了南部沙漠地区约 50 名的青年志愿者，让他们为其社区提供环境教育。最终有 500 名青少年参与培训。该协会制订的培训计划是基于瑞士和挪威的环境国家服务模式。

在 Umm Batin 安装地下废物箱是环境正义计划的一个要素。以色列的阿拉伯人、德鲁兹人和贝都因人社区以及周边的一些犹太社区，废物管理一直是一个问题。阿拉伯人每年产生约 140 万 t 废物，但从未有过适当的废物收集系统。他们将大部分废物倾倒在街道、露天场所和溪流中，或者直接焚烧，导致空气、土壤和地下水的污染。

环境正义计划的主要对象是以色列南部约 20 万的贝都因人。他们居住在被认可的 7 个贝都因人城镇和约 50 个村庄中，还有一部分分散在没有被认可的村庄中——缺乏最基本的环境设施。他们没有废物箱，没有废物收集，没有公共娱乐场所。2013 年 7 月 14 日，政府通过了一项为贝都因人的废物管理拨款 4 000 万新谢克尔的决议。

环境问题往往是复杂的，需要改变根深蒂固的社会行为。环境领域适用于社会企业，社会环境企业在对当地经济作出贡献的同时，也是影响社会和环境变化的潜力。因为这些类型的公司往往具有活力，并且往往为复杂问题提供创新的解决方案，并促进公民和社区的参与。此外，由于社会和环境问题往往是相互交织的，社区对环境问题的行动是社会变革的驱动力，可以最大限度地减少人与人之间的差距。

三、绿色警察制度

绿色警察（Green Police）是环保部的主要执法和威慑力量，直接参与环境质量监测和执行环境法律、法规和法令。绿色警察有权逮捕和调查那些被控违反环境法的人，并处以罚款和起诉。这一权力是由环保部部长和公共安全部部长赋予的。

（一）执法层次

绿色警察在以下三个层面执行环境法：

（1）在国家层面上，他们参与制定环保部的政策及相关国家立法和法规，制定国家和地区环境保护目标。他们还开展各项执法行动，以处理违反环境的行为。

（2）在区域层面上，他们与环保部的地区办事处合作，参与地区环境保护。

（3）在地方层面上，他们与以色列国家公园管理局、以色列土地管理局、内政部、环保部和地方当局等机构合作，执行环境法。

（二）监察监督范围及职能

（1）环境监督：根据主管责任区域有组织地进行巡视，确定环境危害，监测环境危害以及处理该区域的伴生危害。

（2）环境执法：刑事违法由绿色警察执行，通常由监督人员个体或大型的团队活动和国家级活动展开环境保护监察与执法活动，包括：石棉污染；废水污水排放；垃圾填埋场违反行为；垃圾中转站污染；监管谷仓、猪和鸡等家畜圈舍；监察加油站；清除有害物质；处理公众投诉；禁止使用排放超过规定标准的车辆，或用于违反环境规定的车辆。

（3）进行专题执法活动：收集证据（通过文件记录，拍摄和收集现场信息），并附带处理罪犯直到被绳之以法。

（4）管理调查档案：绿色警察是通过刑事调查档案执行的，根据刑事诉讼程序（证据）的调查，并伴有调查文件处理灾害的检测和调查程序筹备公诉案件的立案。

（5）罚款：绿色警务根据相关法律规定，对环境违法犯罪行为处以相应的罚金。

（三）与绿色警察职权和执法的相关法律法规

（1）《环境保护法》（2011）：该法律授权环保部部长任命绿色警察调查违反环境法的行为。它授权绿色警察：查看相关人员的身份证明和其他有关文件；进行测量、取样；讯问犯罪嫌疑人和可能有违法行为的人；没收与环境犯罪有关的项目；拘留那些拒绝合作的人，如果没有被拘留，或者身份不明，则等待警察到达处理。绿色警察被授权进行环境违法调查。检查人员开始处理刑事案件，从环境侵害发现的那一刻起，并在整个过程中继续调查，直到案件起诉。调查活动是根据检查员自己的倡议而展开的，或者是在一项环境破坏被发现后，在环保部门或相应地区办公室的要求下展开的。

（2）《防止石棉危害和有害尘埃法》（2011）：这项法律旨在防止和减少由石棉和有害粉尘引起的环境和健康危害。它禁止使用石棉，并要求在公共建筑、工业设施和以色列国防军（IDF）车辆和设备中逐步淘汰石棉，以防止与这种致癌物质接触的健康危害。

（3）《清洁空气法案》（2008）：这项法律为减少和预防空气污染提供了一个全面的框架，它规定了对政府、地方当局和工业部门的责任和义务。

（4）《轮胎处理和回收法》（2007）：这项法律的目的是减少因轮胎回收不当而造成的环境污染。规定轮胎生产商和进口商要负责收集废旧轮胎，或者回收利用轮胎，或者找到一种重新使用它们的方法。根据法律，在2013年7月后，填埋轮胎成为非法。

（5）《有害物质法》（1993）：这是对以色列有害危险物质"从摇篮到坟墓"管理的主要法律工具。它为环保部提供了控制有害物质的权力，授权部长颁发许可证，制定规章，并监督其生产、使用、处理、销售、运输、进出口的所有方面。根据法律规定，危险物质的使用、毒性和风险程度分类，涉及治疗、生产、进口、出口、商业、转移、储存、维护和使用"从摇篮到坟墓"危险物质的各个方面。

（6）《商业法》（1968）：这项法律授权内政部部长指定并定义需要许可证的业务，特别是确保适当的环境条件包括：适当的卫生条件；预防侵权行为；遵守规划和建筑法律；经营场所或者附近的安全；防治农药、化肥、药品等水源污染。

如果在另一项法律下，要求获得许可证的业务是许可的，那么在其他法律的许可下，营业执照可以被扣留。法律还提供行政和司法权力的关闭这些业务。

还有《道路法》（1966）、《新法令》（1961）、《水法》（1959）、《公共卫生条例》（2013）等法律也是绿色警察执法的法律依据。

四、环境管理政策与措施

以色列的环境管理措施主要是通过宣传教育、政策鼓励、行政管理和执法检查来推进。主要实施方法如下。

（一）开展环境教育和经济刺激

首先，通过宣传教育，提高公民的环保意识；通过普法，教育公众即便是摘采一朵路旁的普通野花也被视为非法，提高守法意识。其次，经济刺激，在制定法规和执法中，充分体现经济的奖罚措施，如制定个人使用或滥用环境资源的补偿费，鼓励发展减少污染的清洁技术。环保部对企业发展监测和污染治理设施，采用环保技术和材料给予拨款支持。在 2017 年重点工作领域——交通行业污染治理中，以色列政府一方面，提供资金鼓励柴油机车向电动汽车的转换，对购买绿色汽车的用户提供资金补贴；另一方面，主要改革绿色税收，根据空气污染程度调整汽车价格。

（二）执法从严

强化执法一方面是寻求减少环境恶化的途径，另一方面是停止、减少、净化现存的污染。以色列环境法包括环境监督的主体法、处理环境和自然保护事宜的特别法，这些法律制定的基础是确保资源的管理和可持续发展，其重要特征是通过行政的、民事的或刑事的办法强制执行。如《公害减少法》的执行，通过行政发布命令，强制个人污染者采取特别步骤防止或减少污染；通过民事条例的施行，明确违反《公害减少法》的有关条款就认为是一种公害行为，应负民事责任，赔偿损失；同时，违反《公害减少法》造成严重空气、噪声污染者，将负刑事责任。

（三）加强行政管理

行政措施是落实环境管理"预防为主"方针的最有效的办法。如登记、许可等环境监督的行政办法是以色列环境管理的关键一环。在以色列许多环境法规中，明确了登记、许可的行政管理权限，对检查校准设备、监测、公众参与、约束性命令、预防性求助指令或纠正指令、起诉程序等事项做了规定。

（四）检查巡视

有效的行政管理需要建立完善的检查机制。无论是政府检查，还是委托有关组织检查，都属执法检查的范畴。环保部控制着许多检查组织，通过这些组织贯彻有关法规和行政措施。这些具有专业特长的、分布在全国不同区域和行业的检查组织需要通过专门训练获得资格，接受政府委托开展检查和调查。环境检查巡视由环保部具体部署，由负责政策和环境问题的部长亲自授权，对违反环境法的可疑行为进行检查，检查集中在以下几个方面：废弃物处理基地、树叶干草堆积地、有害物质处理厂、汽油站、高速公路上的非法广告牌等。

五、大气污染防治

为了提高以色列空气质量和公众健康，以色列制订了国家污染减排和防治计划（2012—2020）。该计划于 2013 年 8 月 25 日获得政府通过。在该计划下，现有的政策主要集中在交通运输、工业、能源和居民家庭的空气污染控制。该计划在前 5 年预计投入 1 亿新谢克尔，约合 2 600 万美元。该计划将在 5 年后进行修订。

前 5 年 1 亿新谢克尔的投资计划主要应用在以下 9 个方面：

（1）修订私家车报废程序；

（2）加强对采石场的控制；

（3）建立资助项目，以鼓励用人单位激励其员工拼车或乘坐公共交通工具上班；

（4）试点天然气公交车；

（5）混合动力出租车的税收激励；

（6）阶梯电价的引进和智能电网建设，以引导电器使用；

（7）考虑燃油对环境的影响，差异化征收燃油税，鼓励使用污染较少的燃料；

（8）污染调查，以确定家庭和公共机构中的暴露污染物；

（9）支持地方政府，旨在减少在道路上乘客的数量。

为了编制该计划，环境保护部空气质量与气候变化处会同健康部、经济部、交通运输部、财政部和能源部以及电力局、税务局、地方政府、工业部门和环保组织进了 1 年半的准备工作，包括：

（1）建立专家委员会；

（2）国外类似计划的评估；

（3）建立跨部门的编写团队；

（4）建立全国范围的污染物排放清单；

（5）对相关措施进行模拟评估；

（6）量化空气污染对监控和经济的影响；

（7）评估不同框架措施的经济成本。

此外，针对国内人口和工业较为集中的海法地区，在 2008 年制订了空气污染减排行动计划，主要针对 15 家排放非甲烷挥发性有机化合物的企业制定了相关措施。通过采用最佳可用技术使得 2009—2015 年非甲烷挥发性有机化合物排放量减少了65%。通过空气污染减排行动计划，海法地区的空气质量得到了显著的改善。但是随着对危险物质认识的不断深入，环境保护部又发起了一项新的行动计划，目标是提升空气质量降低危险物质风险。该计划将投入 9 000 万美元，来提高海法湾的空气质量。主要包括增加监察与执法，降低公众风险，开展空气污染流行病学研究，提高公众对空气质量信息的可得性。

六、水污染防治

（一）《水业长期发展规划（2010—2050）》

为了有效地管理以色列的水资源，以色列水利署（The Water Authority）制定了《水业长期发展规划 2010—2050》（Long Term Master Plan for the Water Sector），规划的主要目标有：

（1）充实饮用水水源储备，到 2020 年，通过海水和苦咸水淡化以及生活污水处理等方式使得这些替代水源满足一半以上的用水需求。

（2）维持或进一步降低现有的国内人均用水量。

（3）为国家水网增加 1 倍以上的淡化海水供应，从 2010 年的 2.8 亿 m^3/a 增加到2020 年的 7.5 亿 m^3/a。

（4）增加 1 倍以上的农业污水灌溉量，从 2010 年的 4.0 亿 m^3/a 增加到 9.0 亿 m^3/a，同时减少饮用水作为灌溉用水的水量。从 2010 年的 5.0 亿 m^3/a 降低到 2050 年的 4.5亿 m^3/a。

（5）升级所有的二级污水处理设施为三级处理设施。

（6）增加自然用水和景观需水量，自然和景观用水量从 2010 年的 1 000 万 m^3/a 增加到 2020 年的 5 000 万 m^3/a。

为了实现上述目标，以色列重点从项目实施、法律法规、组织结构调整、可持续的预算分配、提高规划能力、能力建设与加大研发投入等 6 个方面采取了措施。

此外，为了实现上述目标，以色列估算了所需投资资金量，具体见表 3-1。

表 3-1　投资需求估算表（2010—2050）　　　　　单位：10^6 元人民币

	具体的领域	不同时间跨度的投资需求估算			
		短期 （2010—2014）	中期 （2015—2019）	长期 （2020—2050）	共计
1	节水	970	970	2 901	4 841
2	海水淡化	5 055	3 763	14 768	23 586
3	地下苦咸水淡化	431	265	—	696
4	供水和国家水系统	7 185	11 039	43 957	62 181
5	城市供水和污水处理企业	8 321	8 984	49 808	67 113
6	政府负责的污水处理和区域污水收集管道系统	2 072	2 188	13 906	18 166
7	建设和升级污水处理厂	953	953	17 669	19 575
8	城市污水处理公司 （特拉维夫、耶路撒冷、海法）	6 845	—	14 039	20 884
9	处理后的污水回收	2 859	4 268	12 149	19 276
10	水质保障	1 989	1 989	8 569	12 547
11	雨水和排水系统管理	1 658	2 304	20 519	24 481
12	溪流修复	414	414	2 486	3 314
13	推进水业发展	414	414	829	1 657
14	研发	779	754	4 359	5 892
15	不可预见费	3 978	3 812	33 448	41 238
	共计	43 923	42 117	239 407	325 447

注：1 以色列新谢克尔=1.657 5 元人民币。

考虑到卫生要求和污水回用的目的，以色列《水规划》要求实现所有城市生活污水和工业污水（包括农业和农村污水）的全部处理。

具体措施包括：

（1）充分发挥大型污水处理设施的作用。一是采取紧急措施连接大部分的污染源和污水处理厂；二是优先考虑大型污水处理厂的污水收集和运输；三是完善管网确保污水收集效率，2009 年以色列管网覆盖了 95% 的国内人口。

（2）严格规范污水处理厂运行管理。针对污水处理厂，制定污水处理厂处理工艺导则，研发专项技术。提高污水收集，并接受公众监督。

（3）不断完善排放标准。未来标准的修订将吸收多部门的意见，包括环保部、水利署、水与能源部、卫生部、内政部、财政部和农业部，以及农业和供水与污水处理公司的代表的意见。

（4）严控工业污水排放，提高用水效率。工业污水将进行初级（预处理）处理以达到市政污水的水质，同时鼓励工业企业采用回用水，加强水资源的循环利用。

（5）严格监测回用水，降低环境影响。在国家或地区层面对回用水水质进行监测；在成本效益分析的基础上优先脱除用于受保护地区灌溉污水的盐分。

（6）集中与分散处理互补。在建成区采用污水集中处理，而在偏远地区采用分散污水处理，同时要考虑新技术和工程措施，资金及环境因素。

（7）鼓励技术创新。以色列是世界上利用循环水最多的国家，水的循环利用率达到 75%，拥有全球最大的反渗透海水淡化厂，淡水成本每立方米约为 60 美分。以色列开发的农业低压滴灌技术使得灌溉用水效率高达 80%，位居全球第一。以色列 60% 的农用地使用滴灌技术，在滴灌技术领域以色列企业占全球市场份额的 50% 以上。以色列 30% 的初创公司都与水利有关，是全球最大水技术创新基地。

（8）制定完善的水价体系。以色列对用水采用定额配给管理，并通过调整水价实现。根据工农业生产企业承受能力、供水成本和节约作用，制定合理水价体系。水价由国家控制，企业运作，用户根据国家制定的水价向公司购水。政府利用经济杠杆鼓励节约用水、处罚浪费行为。农业和居民生活用水，除了基础水价，政府还依据用户用水量的多少将水价分为几个不同档次，用水量越大，价格越高，用水量超过配额则将受到严厉的经济处罚。

（二）以色列水质保护体制的基本特征

在以色列，虽然关于水量分配的法律制度主要集中在《水法》中，但对水质保护的规定则有几个法律法规都有涉及。由于当地气候干旱，在以色列建国之初就意识到了水量分配的重要性，不得不对农业和工业的用水量问题深思熟虑，以支持其不断增长的人口。而对于水质保护的认识则是一个渐进的过程，这主要是由两个因素来确定的：一是发达国家对水质保护重要性的认识不断提高，二是不断增加的人口给水质保护带来了巨大压力。

1. 水质保护相关法律法规

（1）《水法》：禁止对造成地表水和地下水质量发生的任何行为，不论水体是天然的还是人工水体以及水体是否清洁或已污染。当然，在实践中，这种广泛和绝对禁止存在例外情况。一般情况下，只有违反规则，无营业执照、许可证，或以其他不合理的方式对水体造成污染是禁止的。

（2）《公共卫生法》：该法规定了饮用水水质标准，并禁止达不到饮用水水质标准的水源作为饮用水水源。《公共卫生法》没有规定要治理不合格水体，但严格禁止其作为饮用水使用。

（3）相关水质标准：对于工业和生活污水的规定，也有相关的标准。主要规定了生化需氧量和悬浮颗粒物。除此之外，还有一些规定给出了特殊行业污水排放的要求，包括必须设计一些特殊的设施以避免造成水体污染和具体的仪器设备。

对于向地中海、死海和红海湾排放污水的污染源还必须满足额外的规定。这些规定要求所有此类排污者必须有专门的许可证，并且如果没有许可，则应确保在陆地上没有经济适用的替代处理方法。此类许可必须包括排放污水的水量和具体位置。

2. 政府管理

以色列水资源管理的特点是国家管理。所有供水决策都是国家层面做出的。

在政府管理层面，相关的职能管理机构有：卫生部（饮用水，用于灌溉的工业废水标准的制定）、环境保护部（水源污染防治和标准的制定）、财政部（水价格的制定）、基础设施部，农业部（排水渠和农业用水）、内务部（地方的水和污水的供应和处理）、水利署。

水利署对水务部门全面负责。主要包括：维护国家的水资源；规范生产，供应和使用水；设计和实施水的供给方案；通过水务委员会，为各个部门（家庭，农业和工业）分配水资源并设置用水价格。自2007年以来，决策的主要责任在于水利署理事会的八个当选成员，分别来自水务局，五部委（基础设施部，环保部，财政部，农业部，内务部）和两名公众代表（由国家基础设施部长任命）。见图3-2。

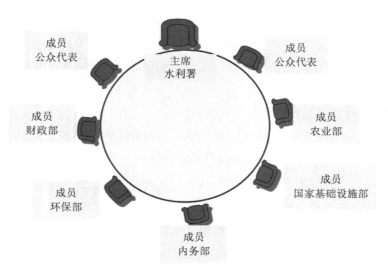

图 3-2　以色列水资源管理圆桌对话决策机制

3．政策法规的落实

在以色列，水环境保护的核心是尽可能地减少人为污染对天然水体、水质的影响。许可证制度成为河流水环境保护工作的一项重要手段。排污企业必须获得建筑许可证、营业执照或海洋排放许可证，才可以向水体排放污水。这些许可证要求排污企业遵守所有法规和规则，并可以根据特殊的水质要求额外设置污水排放要求。建筑许可是由当地规划部门出具，在此过程中须有环境保护部门对项目产生的环境影响做出评价。营业执照是由当地政府主管部门出具，对水质可能产生不利影响的项目还需环境保护部门出具许可。需要向海洋排放污水的企业还需要申请一个由部际委员会颁发的海洋排污许可证。

七、固体废物污染防治

由于认识到废物填埋会对环境产生二次污染，以色列在固体废物防治方面已从填埋为主的处理方法转向以资源回收利用为主的处理方法，并为此设立了废弃物循环利用的目标，即到 2020 年 50%的固体废物实现循环利用。

为了实现上述目标以色列在源头上对垃圾进行分类。主要措施包括：

（1）制定详细的垃圾分类规划（分为两类，即干燥垃圾，主要包括包装物等；可生物降解的湿垃圾，主要包括厨余垃圾）；

（2）源头分类，目前已有 49 个地方政府正在实施对垃圾的源头分类工作；

（3）为公众购买带分类标示的垃圾桶和运输车，在居民区改建垃圾收集站。同时地方当局还对垃圾分类收集进行广泛的宣传和教育。

在垃圾源头分类的基础上，为了更好地回收资源，以色列还升级了垃圾处理设施。主要包括建立发电站和堆肥场。对于不利于回收利用的垃圾，主要将其燃烧以产生能源和燃料。

截至 2015 年以色列以固体废物为原料的发电厂数量和垃圾转运站的数量见表3-2。目前对以垃圾为原料的发电厂和垃圾转运站的投入分别为 3.7 亿新谢克尔和 2 亿新谢克尔。同时还以 PPP 方式建设了中部地区的区域日处理能力为 1 200 t 的厌氧消化设施，预计 2018 年将投入运行。

表 3-2　以色列垃圾处理设施数量

区域	以固废为原料的发电厂数量	垃圾转运站数量
北部地区	4	3
中部地区	2	1
耶路撒冷地区	2	1
特拉维夫地区	1	
南部地区	6	4
总计	15	9

此外，在未来以色列还将通过立法来规范垃圾处理，不对垃圾进行处理的行为将被禁止，同时还将升级垃圾热处理设施以处理不易于回收的垃圾。

2017 年最新的工作进展是政府部门与以色列塔米尔公司合作制造橙色的垃圾箱，目标是在三年半的时间里，在以色列 80%的家庭附近放置橙色垃圾箱用来打包垃圾。此外，还制订了总投资 3.8 亿新谢克尔的五年激励计划（2016—2020），目标是提高城市固体废物的回收利用率。该计划通过比较上一年增加的回收和对再利用的废物每吨进行准许的金融支持，来减少垃圾填埋和提高废物市场效率。政府部门正在审查能够使回收市场竞争更激烈的组织模式，并且正在制订一项新的全面战略计划，以进一步提高回收率。

迄今，以色列已有三家市政公司参与了固体废物收集公共设施的改善工作，服务于 36 个地方当局，追加资金共计 1.5 亿新谢克尔。该项目已取得积极成果，预计在不久的将来还向另外 40 个地方当局提供。

在另一项发展中，以色列环保部和财政部在以色列对《商品和服务价格法》的监督下签署了一项价格监督令，要求任何处理混合垃圾的人报告价格和利润。

针对日常生活中大量使用并造成严重污染的塑料袋，以色列也出台了专门的治理措施。2016 年 3 月，以色列颁布限塑令。规定从 2017 年 1 月 1 日起禁止超市为顾客免费分发塑料袋，其目的是减少轻量的/不重要的一次性塑料袋的使用。调查显示，以色列每年每人 325 个或每户 1 200 个塑料袋，总数达到每年 27 亿个。其中，每年有 16 亿个是在超级市场免费分发。虽然对大型零售商出售的每一个塑料袋征收税款（每个 0.10 新谢克尔）的要求直到 2017 年 1 月 1 日才生效，但大型零售商 2016 年 7 月 1 日已开始报告购买的塑料袋数量。该法生效后仅一个月，连锁超市报告的塑料袋消耗减少了 75%。这就意味着节省了 1 800 t 塑料，成效显著。以以色列最大的超市为例，2017 年第二个季度，售出 9 500 万个塑料袋，比 2016 年同期减少约 80%。

八、污染物排放与转移登记制度

污染物排放与转移登记制度（Pollutant Release and Transfer Register，PRTR）是环境信息公开的一项制度。通常都包含一个有毒化学物质清单，企业根据国家出台的清单，把工厂等各类污染源向环境排放与转移这些有毒物质的信息向政府上报，包括工厂信息、污染物毒性、健康风险、年排放量等。政府可以通过建立网络信息平台向公众公开这些信息，使公众能够了解自己生活周边的企业排污情况。实践证明，污染物排放与转移登记制度在有毒污染物的控制以及重大化学事故防范方面成效显著。以色列的污染物排放与转移登记制度是根据《环境保护法》于 2012 年建立的。

主要的目标是：

（1）增加关于排放和转移的数量、类型和位置的信息供给的透明度；

（2）鼓励工厂减少排放和污染物以及废弃物的转移；

（3）为决策者创建一个工具使其获得必要的数据，以确定基于环境公平可持续发展的政策；

（4）在政府、申报企业和公众之间建立关于排放量化的共同语言。

需要登记的行业主要包括：

（1）能源行业；

（2）金属加工制造；

（3）矿业；

（4）废物及污水管理业；

（5）集约型农业；

（6）食品和饮料业。

主要有 114 种污染物或污染物基团必须要申报。包括 89 种向大气排放的污染物和 92 种向海洋、水体和土壤排放的污染物。也有许多污染物同属于这两组物质。

污染物排放与转移登记制度建立以来，以色列每年都会公布其执行情况。2015年通过对全国范围内 500 个主要污染源，包括工厂、垃圾填埋厂、污水处理厂和其他经济实体污染物排放与转移情况的公布结果发现，该制度实行的 3 年间（2012—2015年）向大气排放的主要污染物降低了 18%～53%。

九、环境标准

环境标准是环境保护法体系的重要组成部分，不但能反映一个国家的法制法规建设状况以及科技发展水平，也体现了这个国家环境保护的决心。环境标准不同于传统意义上的标准，它在制定、发布、实施上属于法律法规的性质，是一种技术性法律规范。然而，我国环境标准的管理体制依然采用标准化管理模式，导致环境标准与产品标准不分，法律属性模糊，法律约束力不够，使环境标准长期处于软弱无力的状态。与我国相比，以色列制定了准确科学的环境标准，讲究实效，分类齐全，强调公众参与，并且有世界先进的高新技术做后盾。他们无论在标准的制修订方面还是在实施方面，都有很多值得汲取的经验和可参考的方法和手段，有许多完善的制度、技术以及先进的管理措施值得我们学习。

以色列的环境标准主要针对现实或潜在的危害而设定，多散见于各项具体的法律法规当中，例如《公共卫生条例》《清洁空气法》和《水法》等法律法规。以色列的自然条件使其十分重视环境保护，因此，以色列制定了众多详细的具有法律效力的环境标准。除此之外，以色列的私营标准机构、专业学会、行业协会等非政府机构也制定了数目巨大的环境标准。以色列环境标准体系主要有环境质量标准、排放标准、技术标准、操作规范标准、产品信息标准等，涉及水、大气、固体废物、有毒物质、噪声、农业等各个方面。在环境标准中，不但规定了标准限值，还有完备的配套措施，规定了环境标准的制定机关和程序、技术依据、适用行业种类等，大大增加了标准的针对性和可操作性。这一点非常值得我们学习和借鉴。同时，以色列的环境标准突出高科技监测的作用，可见，以色列的环境标准具有集强制性、实用性、技术性和可操作性于一体的鲜明特点。

（一）水环境质量标准

水环境质量标准是以水环境质量基准为理论依据，在考虑自然条件和国家或地区的人文社会、经济水平、技术条件等因素的基础上，经过一定的综合分析所制定的，由国家有关管理部门颁布的具有法律效力的管理限值或限度，一般具有法律强制性，是进行环境规划、环境现状评价、环境影响评估、环境突发事件应对以及环境污染控制等环境管理的重要依据。水环境具有自然与社会双重属性，必须按照流域的自然特性、社会经济发展水平实行综合管理，而综合管理是水污染控制成功的关键。

以色列的主要水源包括加利利海和数十条流入地中海、加利利海或死海的河流，其中大部分是季节性河流。首先，根据水域的使用功能，环保部的分支机构和相关机构制定了相应的水环境标准，如地表水环境质量标准、海水水质标准、渔业水质标准、农田灌溉水质标准、景观娱乐用水水质标准、地下水质量标准、饮用水标准等。其中海洋水质的标准由环保部的海洋和沿海环境保护司负责，生活饮用水的质量标准则主要分布在以色列卫生部制定的《公共卫生条例》（2013 年）。其次，在商业经营许可证的颁发标准和规定中，也涉及了水质量标准的数值规定。当然，除水环境质量标准之外，结合污染物的生态容量和总量控制特征，研究制定科学的水体污染物排放标准是另一类重要的水环境管理标准。

在我国，自 1973 年第一次环境保护会议发布第一个环境保护法规标准《工业"三废"排放试行标准》（GBJ 4—1973）以来，环境保护行政主管部门发布了如《中华人民共和国海洋保护法》《中华人民共和国水污染防治法》《中华人民共和国环境保护法》和《地表水环境质量标准》等一系列的环境标准，从而形成了我国比较完整的环境标准体系。中以地表水水环境标准对比如下。

1. 中国水环境质量标准体系内容不及以色列全面

在我国的《地表水环境质量标准》（2002 年）非集中式饮用水水源的地表水只涉及 24 个基本项目，缺少有毒有机物的相关指标，沉积物指标、生物指标、放射性指标更是缺乏。反观以色列，在饮用水的环境质量标准中，不仅包括有机物、无机物含量标准，还对氯化物实验、金属实验和农药含量检测实验的具体实验标准做出规定。以色列的饮用水标准还涉及了放射性物质含量的标准限值规定，而我国在放射性物质的标准制定上还存在着空缺。此外，以色列的饮用水环境标准对消毒剂和消毒产品作出具体的限值，这也是我国水环境标准亟待补充的部分。

2. 中以水环境标准值的限值类型存在差异

以色列大多采用极值（如最大浓度），而我国多采用标准值。这样的取值给两国同一物质含量标准的横向对比带来困难。而标准值的采用往往会忽略个体情况的差异，也容易被"离群点"（outlier，又叫异常值、极端值）拉拢，从而失去其"一般性""代表性"意义。具体标准差异见表 3-3 和表 3-4。

表 3-3　饮用水有机物质含量对比

元素	以色列	中国
	最大浓度值/（mg/L）	标准值/（mg/L）
乙苯	0.3	0.3
二氯甲烷	0.005	0.02
氯乙烯	0.000 5	0.005
三氯乙烯	0.02	0.07
甲醛	0.9	0.9
甲苯	0.7	0.7
阿特拉津	0.002	0.003

数据来源：以色列卫生部网站和中国环保部网站。

表 3-4　饮用水无机物质含量对比

元素	以色列	中国
	最大浓度值/（mg/L）	标准值/（mg/L）
锑	0.006	0.005
硼	1	0.5
铍	0.004	0.002
铊	0.002	0.000 1
镍	0.02	0.02

数据来源：以色列卫生部网站和中国环保部网站。

从表 3-4 和表 3-4 可以看出，以色列的饮用水标准更为严格、要求更加高，尤其是在危害人体健康的物质方面，其含量标准数值更低更小，体现出其对人体健康的保障目的。我国的水质量标准往往以标准值为限，其要求相对宽松。

我国的水质量标准中规定的有机物质、二氯甲烷和氯乙烯的最大浓度值比以色列饮用水标准中的二氯甲烷和氯乙烯的最大浓度值大一个数量级。其他有机物质如乙苯、甲醛、甲苯的最大浓度值相同。相反，以色列饮用水标准中规定的无机物质，铊的最大浓度比我国水质量标准中的铊的最大浓度值大一个数量级。而且，我国水质量标准中规定的无机物质最大浓度值普遍比以色列饮用水标准中的无机物质最大浓度值低（镍除外）。总的来说，我国的水质量标准更注重无机物质含量的控制，而以色列饮用水标准强调有机物质含量的限值。

3. 以色列更加注重技术强制原则

与中国的水环境质量标准对比，无论是新污染源执行标准，还是有害物质排放标准，两者均将排放标准规定在采取一定先进技术所能达到的水平上，即强迫污染者采用先进工艺和污染控制技术来达标。这种技术强制与法律强制相结合，使得以色列在水环境的治理和保护方面取得了瞩目的成就。我国水环境标准尚未做到按工艺过程划分，针对性与合理性不如以色列标准。

4. 以色列水环境标准的实施与环境法律和许可证制度紧密结合

以色列制定环境水质标准和废水排放标准时着重实用性，考虑其在职能上互为补充的同时，在实施中水环境标准也不是孤立起作用，而是依赖法律制度如许可证制度和市场手段等，由此构成一个完整的制定和实施体系。

5．以色列污水排放标准与我国相关标准的对比

根据城镇污水处理厂排入地表水域环境功能和保护目标，以及污水处理厂的处理工艺，我国《城镇污水处理厂污染物排放标准》（GB 18918—2002）将水质标准监测项目分为基本控制项目和选择控制项目。基本控制项目有 19 项，包括一般处理工艺可以去除的常规污染物。选择控制项目 43 项，包括对环境有较长期影响或毒性较大的污染物。基本监测项目少于以色列相关标准。

当污水处理厂出水引入稀释能力较小的河湖作为城镇景观用水和一般回用水等用途时，执行一级标准的 A 标准。城镇污水处理厂出水排入 GB 3838 地表水Ⅲ类功能水域（划定的饮用水水源保护区和游泳区除外）、GB 3097 海水二类功能水域和湖、库等封闭或半封闭水域时，执行一级标准的 B 标准。

将以色列入河排放污水标准与我国《城镇污水处理厂污染物排放标准》（GB 18918 —2002）中一级 B 标准进行比较发现，双方共有的监测项目共计 17 项，涵盖有机污染物、营养盐类、重金属类污染指标等，其中有 13 项为我国污水排放的基本控制项目。在 17 项共有指标中，13 项指标限制都严于我国；1 项松于我国，为化学需氧量；3 项指标限值相同，见表 3-5。

表 3-5　我国污水排放标准与以色列相关标准对比

序号	指标	单位	以色列	我国一级 B	比较结果
1	BOD$_5$	mg/L	10	20	严于我国
2	COD	mg/L	70	60	松于我国
3	氨氮	mg/L	1.5	8	严于我国
4	总氮	mg/L	10	20	严于我国
5	总磷	mg/L	1	1	相同
6	pH		7.0～8.5	6～9	严于我国
7	大肠杆菌群	个/L	2 000	10 000	严于我国
8	阴离子表面活性剂	mg/L	0.5	1	严于我国
9	砷	mg/L	0.1	0.1	相同
10	汞	mg/L	0.000 5	0.001	严于我国
11	铬	mg/L	0.05	0.1	严于我国

序号	指标	单位	以色列	我国一级 B	比较结果
12	铅	mg/L	0.008	0.1	严于我国
13	镉	mg/L	0.005	0.01	严于我国
以下为选择性指标					
14	镍	mg/L	0.05	0.05	相同
15	锌	mg/L	0.2	1.0	严于我国
16	铜	mg/L	0.02	0.5	严于我国
17	氰化物	mg/L	0.005	0.5	严于我国

此外，2007 年我国颁布《城市污水再生利用 农田灌溉用水水质》规定了以城市污水处理厂出水为水源的农田灌溉用水水质要求。标准包括基本控制项目 19 项，选择性控制项目 9 项，共计 28 项控制项目。该标准将灌溉作物分为纤维作物、旱地谷物油料作物、水田谷物、露地蔬菜四类，并根据不同类型作物分别规定了相应的灌溉水质标准，以标准中最严格的露地蔬菜用水水质标准与以色列相关标准对比发现，有共同控制项目 22 项，其中基本控制项目和选择性控制项目各 11 项，基本控制项目中有 6 项限值严于我国，相同的 2 项，松于我国的 3 项。而在选择性控制项目中以色列有 4 项指标限值严于我国，4 项指标相同，3 项指标松于我国，见表 3-6。

表 3-6　我国城市污水农田灌溉用水水质与以色列相关标准对比

序号	指标	单位	以色列	我国	比较结果
1	BOD_5	mg/L	10	40	严于我国
2	COD	mg/L	100	100	相同
3	pH		6.5～8.5	5.5～8.5	严于我国
4	大肠杆菌群	个/L	100	20 000	严于我国
5	余氯	mg/L	0.8～1.5	1.0	松于我国
6	氯化物	mg/L	250	350	严于我国
7	阴离子表面活性剂	mg/L	2.0	5.0	严于我国
8	砷	mg/L	0.1	0.05	松于我国
9	汞	mg/L	0.002	0.001	松于我国
10	铅	mg/L	0.1	0.2	严于我国
11	镉	mg/L	0.01	0.01	相同
以下为选择性指标					
12	氟化物	mg/L	2.0	2.0	相同

序号	指标	单位	以色列	我国	比较结果
13	硼	mg/L	0.4	1.0	严于我国
14	镍	mg/L	0.2	0.1	松于我国
15	硒	mg/L	0.02	0.02	相同
16	锌	mg/L	2.0	2.0	相同
17	铁	mg/L	2.0	1.5	松于我国
18	铜	mg/L	0.2	1.0	严于我国
19	钼	mg/L	0.01	0.5	严于我国
20	钒	mg/L	0.1	0.1	相同
21	铍	mg/L	0.1	0.002	松于我国
22	氰化物	mg/L	0.1	0.5	严于我国

综上所述，在入河排放的污水水质标准中，以色列的基本控制项目数比我国基本控制项目多，在控制项目相同的指标中，大部分都严于我国。而在污水用于农业灌溉标准中，双方有 22 项相同的控制项目，有 10 的项目限值严于我国，限值相同的 6 项，松于我国的 6 项。

（二）大气环境质量标准

环境空气质量标准是以保障人体健康和生态环境为目标，对大气中各种污染物允许含量所作的限值规定，是制定大气污染防治规划和大气污染物排放标准的依据，也是环境管理部门的执法依据。根据空气质量标准可制定大气污染控制技术标准，如燃料和原材料使用标准、净化装置选用标准、排气筒高度标准及卫生防护带标准等，便于生产、设计和管理人员掌握和执行。分析比较以色列的空气质量标准，可为我国现行标准的完善提供参考。中以大气环境质量标准对比如下。

1. 中以大气标准制定依据不同

我国环境空气质量标准是根据《中华人民共和国环境保护法》和《中华人民共和国大气污染防治法》制定的。2012 年 2 月，环境保护部发布了新标准——《环境空气质量标准》（GB 3095—2012）。

以色列清洁空气（空气质量值）暂行条例（2011 年）是根据《清洁空气法》（2008年）第 6 节赋予的权力，经以色列议会内政与环保委员会根据《基本法律：以色列议会》第 21A 节和《刑法》(1977 年)第 2(b)节规定批准后制定的。

2．大气标准功能区划分各异

我国将环境空气质量功能区划分为两类：一类为自然保护区、风景名胜区和其他需要特殊保护的地区；二类为居民、商业交通居民混合区、工业区、文化区和农村地区。而以色列的环境空气质量标准上没有功能区类别划分。

3．空气质量分级不同

我国将环境空气质量分为两级：一类区适用一级浓度限值，二类区适用二级浓度限值。我国对一级标准的重视程度高于二级标准。以色列未进行空气质量分级，空气质量数值分为目标值（超过危及人类生命、健康或生活质量、资产或环境，包括土地、水、动植物等的污染浓度数值。目标值将作为确定国家预防和减少空气污染计划目标的基础。国家渴望而且仅仅出于健康原因而确定，但目标值依法不具有约束力）、环境值（或"环境空气质量标准"——"超标值"构成严重或不合理的空气污染，将根据目标值和最新科技知识确定，是考虑到防止偏离目标值的实际选择。环境值在时间上构成了实现目标值的阶段。超过环境值，是法律禁止的严重的或不合理的空气污染）、警戒值（报警阈值——短期接触会导致或可能导致的风险或危害人体健康，需要立即采取措施）。

4．取值时间不同

我国环境空气质量标准对污染物只有 5 种取值时间：年平均、季平均、24 小时平均、8 小时平均和 1 小时平均。以色列环境空气质量标准对污染物共有 11 种取值时间：年平均、半年平均、月平均、24 小时平均、8 小时平均、3 小时平均、1 小时平均、连续 3 小时、半小时、15 分钟和 10 分钟。

5．污染物项目不同

我国环境空气质量标准对 10 种污染物给出浓度限值，其中 6 种污染物为基本项目，包括 SO_2、NO_2、CO、O_3、PM_{10} 和 $PM_{2.5}$；4 种污染物为其他项目，包括总悬浮颗粒物（TSP）、氮氧化物（NO_x）、铅（Pb）和苯并[a]芘（BaP）。以色列环境空气质量标准对 28 项污染物给出了控制限值，大体分为气体和颗粒物两种。气体包括碳氢化合物 - 苯化合物、一氧化碳、二氧化碳、硫氧化物、臭氧和氮氧化物。颗粒物包括灰尘、工业粉碎产品、不完全燃烧产物和铅化合物等。在同类别污染物中，以色列标准注重控制对人体有直接影响的污染物，如对 $PM_{2.5}$ 浓度限值更加严格，见表 3-7。

表 3-7　中以空气污染物项目浓度限值对比

污染物项目	平均时间	中国浓度限值		以色列浓度限值			单位
		一级	二级	目标值	环境值	警戒值	
二氧化硫（SO_2）	年	20	60	20	60		$\mu g/m^3$
	24 小时	50	150	20	125		
	1 小时	150	500		350	500	
二氧化氮（NO_2）	年	40	40	40			$\mu g/m^3$
	24 小时	80	80				
	1 小时	200	200	200	200	400	
一氧化碳（CO）	24 小时	4	4				mg/m^3
	1 小时	10	10				
臭氧（O_3）	8 小时	100	160	100	160		$\mu g/m^3$
	1 小时	160	200				
PM_{10}	年	40	70	20	60		$\mu g/m^3$
	24 小时	50	150	50	150	300	
$PM_{2.5}$	年	15	35	10			$\mu g/m^3$
	24 小时	35	75	25		130	
总悬浮颗粒物（TSP）	年	80	200				$\mu g/m^3$
	24 小时	120	300	200	200		
氮氧化合物（NO_x）	年	50	50	30			$\mu g/m^3$
	24 小时	100	100		560		
	1 小时	250	250				
铅（Pb）	年	0.5	0.5		0.09		$\mu g/m^3$
	季	1	1				
苯并[a]芘（BaP）	年	0.001	0.001	0.000 11	0.001		$\mu g/m^3$
	24 小时	0.002 5	0.002 5				

数据来源：以色列环保部网站。

　　另外，以色列空气质量标准还包括其他一些空气污染物如苯、甲苯、二甲苯、乙苯、硫化氢、氨等的污染浓度数值。

　　就目前我国大气环境整体而言，氮氧化物和硫氧化物的污染已经在"十二五"规划中得到有效地控制。已经颁布的"十三五"规划中将臭氧控制标为重点。大气中臭氧生成的前体物包括挥发性有机污染物和氮氧化物，其中挥发性有机物包括苯、甲苯、二甲苯、乙苯等，在中国的大气标准中并没有明确的规定，而以色列的大气污染标准规定很多挥发性有机物的标准限值，更加全面。中国的大气污染控制标准还需要很多工作来完善。

第四章　以色列环境科技[①]

在《2014 年全球清洁技术创新指数》中（由清洁技术集团在享有盛名的世界自然基金的授权下发布），以色列位居榜首，成为全球的领头羊。以色列政府中主要由环保部、科技部和经济部等部门之间采取"分段负责，统一协调"、对具体科研项目"规范管理"、对环境科技发展方向"宏观调控"的模式。由于以色列特殊的地理环境，政府的科技创新大多集中在沙漠化治理、太阳能综合利用、水资源管理、废水、废物处理和循环利用等领域。近年来，随着环境治理的国际化合作，以色列的环保科技享誉全球，其主要成就集中在以下四个领域。

一、水技术

以色列的自然环境可以说比我国大部分地区都要恶劣，沙漠占国土面积的一半以上，水源涵养能力差，并且同样存在地域性缺水、工程性缺水等问题。年均用水总量 20.3 亿 m^3，但年均自然水补给仅有 11.7 亿 m^3，一年的用水缺口高达 45%。然而，以色列已经是世界上循环利用废水能力最强的国家，超过 85% 的废水被净化，并被重新投入到农业、居民生活（如冲厕所）、消防等用途。这种高效的利用率，在世界上名列前茅。以色列不仅成功地摆脱了缺水困境，而且正源源不断向国外输送高耗水量的物资与水处理技术。

[①] 本章由雷钰撰写。

以色列农业灌溉技术经历了大水漫灌、沟灌、喷灌和滴灌等几个阶段。20 世纪 50 年代，喷灌技术代替了长期使用的漫灌方式。到了 60 年代，以色列水利工程师首次提出了滴水灌溉的设想，并研制出了实用的滴灌装置。从此，以色列农业灌溉发生了根本性的革命，滴水灌溉技术不断更新、推广。现在，以色列超过 80% 的灌溉土地使用滴灌方法，使单位面积耕地的耗水量大幅下降，水的利用效率大大提高。

十年来，以色列不断探索创新，将政府、公司与研究机构整合形成了一个有机的产业链条。大力建设创新孵化器，通过政府引导，打造自上而下的水资源"生产"的创新体系。目前，以色列拥有 350 家与水处理相关的创新企业，涵盖水资源管理、海水淡化、灌溉、城市用水等方面。

在国家政策扶持和投资公司资金保障的双重支持下，以色列水技术发展迅速。全国 30% 的初创公司都与水利有关，是全球最大水技术创新基地。在滴灌技术方面，拥有全球这一领域最先进技术的耐特菲姆公司，已将滴灌设备从第一代升级到了第六代，仅是小小的滴头就已分出抗压和非抗压的数个门类。以色列开发的农业低压滴灌技术使得灌溉用水效率高达 80%，位居全球第一。在滴灌技术领域以色列企业占全球市场份额的一半以上。以色列每年都在推出新的滴灌技术与设备，并从滴灌技术中派生出埋藏式灌溉、喷洒式灌溉、散布式灌溉等，这些技术有的已经进入了包括中国在内的国际市场。

由于有限的淡水资源远不能满足需求，以色列不得不充分利用每一滴水，包括污水的回用，这也促使以色列在污水净化和回收利用方面始终处于世界领先地位。1972 年以政府制定了"国家污水再利用工程"计划，规定城市的污水至少应回收利用一次。几乎所有的生活污水和 72% 的城市污水都得到收集，处理后的污水 46% 直接用于灌溉，33% 被注入地下，约 20% 则排入河道。利用净化的污水进行灌溉，不但可增加灌溉水源，而且能起到防止污染、保护水源的作用，并使许多因灌溉农田而干涸的河流恢复生机。

在环保过滤技术方面，阿米亚德公司开发的生物环保过滤装置，正为市政、工业和农业用水提供最新解决方案。由于采用了生物环保过滤装置，污水处理所需的能源消耗被大幅降低，最多甚至减少了 70%，人员管理及设备维护成本降低到原来的 20%，而这些利润正是由芦苇和细沙这些天然的过渡介质创造的。在以色列最大的再生水工厂夏夫丹（Shafdan），负责处理特拉维夫等城市约 230 万居民生活污水，占以色列生活污水量的 32%。污水首先经过基本除污步骤，隔掉大型的浮渣，用重力沉淀出固体沉渣、半固体的有机物，然后让废水里的可溶物和细菌在一定温控条件下互相起作用，并大部分分解掉。之后，把粗处理过的废水注入"沙田净水池"，通过半年到一年的渗流过滤，就可达到农业灌溉用水的标准，大大节省了污水处理的成本。不容忽视的是，在治污的同时必须制止新的污染。2017 年之前，排入地中海的污染物当中超过97%是来自夏夫丹排出的污泥。目前，夏夫丹正在试运行一套先进的污泥处理设施，排出的污泥数量将大幅减少。

据统计，以色列 68%的污水经处理后，运用于农业灌溉，占农业总用水量的 40%以上。处理后的再生水被输往南部内盖夫沙漠地区，是以色列沙漠农业最重要的水源。以色列的农业从业人员占全国劳动力的 5%，提供了全国 95%的食物，其中大部分都来自极度干旱的内盖夫沙漠地区。近年来，由于供水量充足，内盖夫沙漠种植作物的种类从土豆、番茄等耐旱作物不断向需要更多水的作物扩展。尽管这些农田主要由再生水灌溉，但农作物质量完全达到欧盟标准，并向欧洲出口蔬菜、水果和花卉，占欧洲进口量的 40%，因此，以色列享有"欧洲果篮"的美誉。

在水质监测技术方面，White Water 公司发明的人工智能软件，不仅监测精度高，而且轻巧便携，一套便携监测设备约合 5 000 美元。2008 年 5 月 12 日，四川汶川大地震发生后，以色列科技人员曾携带这套便携设备，奔赴灾区协助监测当地的水质状况。

此外，自 20 世纪 60 年代起，以色列就致力于海水淡化技术的研究。目前，世界最大的两个海水淡化工厂都位于以色列，拥有最先进的海水淡化技术和设备。阿什凯隆坐拥全球规模最大的反渗透海水淡化厂索里科，其核心创新技术是用于渗透海水的滤芯，由于将普通的 20 cm 滤膜扩大至 41 cm，能够更好地处理海水。索里科以每年生产 1 亿 m^3 淡化水，每立方米水成本 0.52 美元创造了世界上最经济实惠的淡水处理系统。以色列淡化水的年产量达 5.05 亿 m^3，已占全部用水量的 20%。随着水价的逐步上涨，海水淡化的市场空间将越来越大。

作为全球高科技的聚集地之一，以色列研发的信息安全系统，已能为水利系统构建起可供全球推广的水资源保护体系。由于以色列国土面积小，市场空间相对狭窄，因此，大多数以色列企业在创业之初就瞄准的是国际市场。以色列搭建了国际水科技与贸易的合作交流平台——以色列水展，旨在以一个水科技领先国家的身份推进世界水处理技术的合作。2017 年 9 月 12—14 日，国际性水展在特拉维夫举办，约 150 个展位，展厅可容纳 5 000 余名来自世界各地的嘉宾，中以之间有望在水工业技术上开展更多的合作。

二、能源技术

目前，以色列主要使用煤炭、石油和天然气发电。而随着地中海油气田的发现，以色列国内的天然气供给不断上涨。在现阶段，传统能源仍然占据主导地位。然而，以色列政府希望到 2020 年，将可再生能源的比重提升至 10%，而阿沙利姆塔的建成将帮助达成这一目标。

以色列在可再生能源利用方面一直走在世界前列。以色列在内盖夫沙漠建立了世界上最高的发电塔阿沙利姆塔（Ashalim）。为了蓄集热量，其在塔底布局 5.5 万面镜子，占地足足有 400 个足球场大小，使整个沙漠成为了镜子的海洋。镜子用于聚集太阳光线，它们能像太阳花一样，根据太阳的移动路径，调整朝向。阿沙利姆塔远远看去，就像一座大灯塔。它的高度达到了 240 m，是世界上目前最高的太阳能塔。据了解，该项目于 2017 年年底竣工，其发电电量满足以色列 12 万户家庭的用电需求。

即将上市的菲亚特 500 车型是一种混合使用汽油和 15% 的甲醇，即 M-15 甲醇汽油的环保汽车。M-15 汽油尽管专门为新上市的菲亚特 500 而开发，但也可以应用到大多数汽车中。从 2017 年起，以色列各大加油站开始供应掺入 15% 甲醇的 M-15 汽油，每公升 M-15 汽油比标准汽油便宜 0.3 新谢克尔。随着科技进步，汽油中甲醇的添加量将越来更大，甚至有望达到 85%，这将进一步降低每公升汽油的成本以及汽车的碳排放量。

New CO_2 Fuels 是一种新型的可再生能源技术，通过向二氧化碳中注入能量来提取氧气，即可完成逆转燃烧过程。可以利用太阳能或工业生产产生的废热来转化能量。换言之，New CO_2 Fuels 的生产工艺是人工光合作用的过程。就像植物吸收二氧化碳和太阳光能后将其转化成氧气和储存起来的能量一样，New CO_2 Fuels 做了相同的工作，但速率比自然光合作用要快得多。

三、固体废物处理技术

1952年，特拉维夫市的西里亚（Hiriya）垃圾填埋场正式投入运营。1998年，西里亚垃圾填埋场不断积累的垃圾所形成的垃圾山已经达到了60 m的高度，占地面积接近450 000 m²，其堆积的垃圾体积突破了1 600万 m³，在空中俯瞰就好似一座拔地而起的平顶山。远超设计标准的垃圾填埋量、垃圾渗滤液对地下水体的污染以及散发的阵阵恶臭已经使西里亚垃圾填埋场不堪重负。相关统计数据显示，以色列在20世纪90年代的固体废物回收率仅为3%，远远落后于当时欧洲和美国的水平，其主要原因可归结于垃圾填埋成本过于低廉、缺乏配套的固体废物回收处理技术与设施、固体废物分类管理工作不到位、再生产品市场有限、消费者对再生产品的购买抱有成见等。2008年以色列环保部发动了一场以色列固体废物回收革命，力争在2020年使以色列的固体废物回收利用率至少达到50%。这场革命的亮点有：提升垃圾填埋税率、引入并推广生产者责任延伸（EPR）理念、研发新型物料回收设施等。

研发相应的固体废物回收处理基础设施是这场绿色革命中的关键环节。为此，以色列环保部在2013—2018年间拨款2.5亿新谢克尔和1.4亿新谢克尔分别用于19座固体废物衍生能源工厂的建设以及10座物料回收工厂的建设。其中的物料回收工厂可以从源头上对固体废物进行分类处理，并能够使之快速地进入品位提升循环利用环节，很大程度上加快了固体废物回收利用的速度。而固体废物衍生能源工厂中的厌氧发酵装置则能够为沼气等可再生能源的生产以及堆肥的生产制造提供必要的场所。在固体废物回收处理相关基础设施上加大投资能够极大地促进固体废物变废为宝的进程。

西里亚垃圾中转站采用3R（Reduce，Reuse，Recycle，即"减量、再利用、再循环"）的垃圾回收处理模式，所有在此进行处理的垃圾都得到了最大程度的利用，以实际行动完美地诠释了"垃圾是放错地方的资源"这一理念。在西里亚垃圾中转站，所有进场的垃圾都会在处理利用之前接受严格的分类筛选。有机垃圾（Organic Waste）在经过一系列的生化反应之后可以成为环境友好、效果优良的堆肥，能够直接用于农田施肥而无须再使用其他的化工类肥料，保护了农田的生态环境免受化肥的影响。部分有机垃圾还可以利用先进的微生物技术来对其进行处理，最终可以得到诸如沼气之类的垃圾衍生燃料，能够为一系列的耗能型企业提供所需的能源。建筑垃圾在此也被筛选了出来，经过专门的建筑垃圾回收加工厂的处理之后又可以再次成为建材而得以循环利用，而没有像传统的处理方式一样被白白地填埋浪费掉。园林废料也得到了充分利用，被一些心灵手巧的人改造成极具艺术品位的庭院家具。

餐厨垃圾是居民在生活消费过程中所产生的一类废物，由于自身易腐烂变质，非常容易对环境卫生造成恶劣的影响。餐厨垃圾的主要成分包括大米与面粉类食物残渣、水果蔬菜、动植物油脂与骨架等。在化学组成上，餐厨垃圾往往含有丰富的淀粉、纤维素、蛋白质、脂类以及无机盐。由于餐厨垃圾普遍存在有机物含量高、水分足、易腐烂等特点，十分容易滋生病菌等有害物质，能严重地危害人的生命健康。此外，餐厨垃圾在污染环境影响市容的同时还会对当地的地下水资源造成巨大的威胁，给污水处理厂带来沉重的处理负担。据相关报道，我国城市每年所产生的餐厨垃圾总量已经超过 6 000 万 t，餐厨垃圾的处理形势非常严峻。

跟许多其他种类的垃圾一样，餐厨垃圾也是一种放错地方的资源，具有废物与资源的双重特性。为了解决餐厨垃圾所带来的环境问题，以色列 Home Biogas 公司开发设计了一种无需电力驱动即可利用餐厨垃圾离线生产的清洁能源——沼气的装置系统。该装置每日能够通过餐厨垃圾以及动物粪便连续生产可供使用 2～3 h 的家用燃气，与此同时还能够产生液体有机肥料副产品，足够普通家庭的日常所需。Home Biogas 沼气生产装置的适用范围广，其先进的回收与炼制技术极大地提升了餐厨垃圾的价值，尤其适用于地处温带的花园洋房。

四、相关企业的环保技术

PV Nano Cell Ltd.（PVN）能促使太阳能光伏发电成本大幅降低，公司已经在喷墨墨水的基础上开发出纳米银，这将改变太阳能纳米电池的金属化方式，从而带来总共每瓦 0.35 美元左右的成本降低。喷墨金属化带来每瓦 0.15 美元的成本降低、在近期通过减少硅片厚度带来每瓦 0.2 美元的成本降低。

Battery Solution International Ltd.（BSI）将自己定义为电池使用寿命延长和电池

翻新领域的先驱者。BSI 开发出一种新颖独特的终端对终端的解决方案用于电池的使用寿命延长和翻新服务，其中利用了当前最先进的技术并结合一种特殊的绿色有机添加剂。这种翻新电池可以用于各种场合，包括叉车、汽车、通信设备、传播、应急服务设备、施工设备等。

Eco Wave Power 是以色列一家先进的创新型企业，是独特的波浪能装置全球唯一的发明者、所有者和开发商。公司已经开发出了从海洋和海浪中提取能量并将其转化为电能的专利技术。这项技术可以提供高效的可持续的波浪能解决方案以及负担得起的电力价格。该公司的波浪能转换器是一种从高、低波浪中收集波浪能的简单而价廉的技术，同时提供超过同类系统的技术优势。该系统还在进一步开发中，目的是使其所产生的电力价格低于传统的火力发电，甚至还要低于可再生能源发电，如风能和太阳能发电。

Helio Focus 于 2007 年在以色列创立，是一家基于碟式聚热技术开发产品、提供解决方案的公司。该公司计划在 2013 财政年度实现产品商业化目标，由于公司的科技产品性能优于其他太阳能热动力发电技术的性能，以及在成本效益规划和产品使用方法简单方面体现出巨大优势，已经提前 18 个月进入产品商业化进程。这意味着公司已经可以在两个地点从事商业项目，分别是以色列和中国。

Trans Biodiesel Ltd.研发和生产一种生物催化剂（新型固定化脂肪酶），这种脂肪酶可以将植物油（如棕榈油、豆油、菜籽油、亚麻油、麻风子油、海藻油等）和餐饮废油、动物脂肪等转化成为"生物柴油"。生物柴油是近年来出现的，并日益发展的生物燃料之一，可以取代柴油燃料。由于生物柴油具有环保、可持续、可降解以及无毒的特征，是最受欢迎的替代燃料之一。

Uni Verve Ltd.是第三代生物燃料公司，致力于成为市场风向标以及全球微藻油生物燃料提取的推动力量。在微藻类生产农场的布局上，该公司开发出一套全新、完整而经济的流程。微藻类农场有的是由该公司独资建立，也有以合资或授权技术的形式而建立。

第五章　以色列的国际环保合作[①]

　　以色列环保部注重与国际上的政府和非政府组织开展合作。多年来，以色列已经批准了几乎所有主要的国际环境协定，并参加了环境保护领域诸多主题的国际项目和研讨会，包括：海洋保护、可持续消费和生产、水资源保护、生物多样性保护、环境技术研发等。以色列还必须确保其国内立法与国际义务相一致。

　　目前，以色列与经济合作与发展组织（OECD）、联合国、欧盟等国际机构都有合作。此外在区域环保合作方面，以色列环保部主要集中在中东地区的环境改善，还有一些由欧盟支持的项目，目前在区域合作方面主要的项目有地中海行动计划和地中海联盟。

一、加入国际环保公约

　　国际环保公约促进全球环境保护行动和合作，以解决环境问题，包括臭氧层的破坏、全球变暖、自然资源的保护和开发以及海洋污染。以色列参与了许多国际和区域公约（协定）的谈判，并签署和（或）批准了几乎所有主要的全球环境公约。同时以色列还确保其国家立法符合其国际义务。

　　目前，以色列签署的国际公约主要涉及生物多样性、自然和遗产、气候及空气质量、危险物质、海洋和海岸环境等方面。

---

① 本章由雷钰、张扬撰写。

（一）生物多样性、自然和遗产

涉及生物多样性、自然和遗产方面的公约主要包括：《联合国防治荒漠化公约》《生物多样性公约》《保护野生动物迁徙物种公约》《濒危野生动物和植物物种国际贸易公约》《世界遗产公约》《湿地公约》。

（二）气候及空气质量

涉及气候及空气质量方面的公约主要包括：《污染物排放及转移登记议定书》《联合国气候变化框架公约》《保护臭氧层维也纳公约》《蒙特利尔破坏臭氧层物质管制议定书》。

（三）危险物质

涉及危险物质的公约主要包括：《国际防治汞污染公约》《关于持久性有机污染物的斯德哥尔摩公约》《关于在国际贸易中对某些危险化学品和农药采用事先知情同意程序的鹿特丹公约》《控制危险废物越境转移及其处置巴塞尔公约》《苯公约》。

（四）海洋和海岸环境

涉及海洋和海岸环境的公约主要包括：《国际油污损害民事责任公约》《国际油污防备、反应和合作公约》《地中海海洋环境和沿海区域保护公约》《防止船舶污染国际公约》《关于设立国际油污损害赔偿基金的国际公约》。

二、与联合国环境规划署的合作

联合国环境规划署（UNEP）成立于 1972 年，通过鼓励世界各地采用无害环境的做法，促进可持续发展。2004 年，以色列当选为联合国环境规划署理事会成员，作为西欧和其他国家集团的代表（Western Europe and Others Group）。以色列是联合国环境规划署理事会/全球部长级环境论坛（GC/ GMEF）成员国，参与论坛期间重大环境政策的审议。

在 2012 年，联合国里约+20 可持续发展会议上，各成员国一致同意在千年发展目标的基础上，制定出一套可持续发展目标（SDGs）。以色列是联合国 SDGs 实施平台上最活跃成员之一。此外，以色列还积极参与联合国欧洲经济委员会和欧洲环境与健康进程（European Environment Health Process）的相关活动。

三、与欧盟的环保合作

由于以色列位于地中海沿岸并在靠近许多欧盟成员国的特殊地理位置，欧盟与以色列有着包括环保在内的许多核心利益。在环保合作方面主要涉及分享专业知识和为环境立法提供资金和技术支持等。因欧盟已经制定了一系列具有世界领先的环保政策，并将相关立法延伸到环境保护的各个领域，包括：大气污染防治，水资源保护，废弃物管理，自然保护，化工，生物技术等产业风险的控制等。在欧盟欧洲睦邻政策框架下，以色列与欧盟于 2004 年签署了一项行动计划，旨在建立合作伙伴关系。目前以色列与欧盟开展合作的项目有技术援助和信息交流项目（The Technical Assistance and Information Exchange，TAIEX）、结对项目（The Twinning Project）、可持续水综合管理（Sustainable Water Integrated Management，SWIM）、地中海区域经济转型项目之可持续消费与生产（The SWITCH-Med Sustainable Consumption and Production Program）等。以色列在这种相互合作中受益匪浅。

第六章 以色列污水处理技术与标准成本效益分析及启示[①]

2017 年 3 月 21 日习近平主席会见了来访的以色列总理内塔尼亚胡，宣布双方建立创新全面伙伴关系，在会见中习近平主席指出要加强发展战略对接，在共建"一带一路"框架内，稳步推进重大合作项目，重点加强科技创新、水资源、农业、医疗卫生、清洁能源等领域合作，拓展两国务实合作深度和广度。

以色列地域狭小，国土面积 70%都是沙漠，水资源极度匮乏，但通过技术和制度创新，以色列创造了沙漠中的奇迹，成为中东地区经济发展程度、商业自由程度和整体人类发展指数最高的国家。我国人均年淡水供应量为 1 998.6 m³，略高于国际水资源紧迫线，但水资源的空间分布极不均衡，且部分地区污染严重，水污染问题频发。水资源的短缺严重制约了我国经济社会的可持续发展，而水污染则成为"美丽中国"建设面临的严峻挑战。党的十八大以来，生态文明建设被列为"五位一体"的发展战略之一。为了解决水污染问题，保护水生态环境，环境保护部于 2015 年发布了《水污染防治行动计划》，该计划是当前和今后一个时期全国水污染防治工作的行动指南。

以色列作为创新的国度，高新技术发达，其水业领域成就世界瞩目，在水污染治理、水资源循环利用等先进技术和科学管理上居于世界领先地位，因此学习借鉴以色列相关经验对中国开展水污染防治工作具有重要意义。本章梳理了其在污水治理及循环利用和污水排放标准制定过程中成本效益分析方面的经验，以期为更好地落实《水

---

① 本章由张扬撰写。

污染防治行动计划》提供借鉴。通过梳理以色列相关经验本章对我国水污染治理提出如下对策建议：

一是加强对污水排放标准制定过程的成本效益分析，提高标准的科学性和可操作性；二是提高污水处理费收费标准，完善水价体系，建立排污标准与水价联动机制；三是以中以环境合作谅解备忘录签署为契机，在"一带一路"建设框架下加强与以色列环保部门合作，建立合作机制，促进我国水环境质量改善。

一、以色列污水回用管理目标与处理技术

（一）以色列用水概况

以色列的饮用水水源主要来自加利利湖、东部山区蓄水层、西部边境的沿海蓄水层，淡水通过管道输送至以色列全境。根据以色列 2013 年相关部门的统计，2013 年全年平均供水量 20.73 亿 m³。其中，居民生活用水 7.3 亿 m³，占 35.3%；工业用水 1.38 亿 m³，占 6.7%；农业用水 12.05 亿 m³，占 58%。在农业用水中，可饮用水 4.61 亿 m³，占 38.3%，回用水和咸水淡化水 7.44 亿 m³，占 61.7%。从以色列本国各行业用水量可以看出，农业是以色列的用水大户，这一点和我国相类似。我国与以色列用水情况对比见表 6-1。

此外，以色列总水量还包括向巴勒斯坦约旦河西岸加沙地带供水 1.14 亿 m³ 和 0.23 亿 m³ 的生态补偿用水。

表 6-1　2013 年中以不同行业用水量对比　　　　　　　单位：亿 m³

	总供水量	生活用水	工业用水	农业用水	生态环境补水及向约旦河西岸加沙地带供水
以色列	22.13	7.33	1.38	12.05	1.37 （0.23+1.14）
中国	6 183.3	748.2	1 409.8	3 920.3	105

数据来源：以色列数据来源于水利署报告 "Water Sector in Israel IWRM Model"，中国数据来源于《2013 年中国水资源公报》。

（二）以色列供水与污水处理管理体系

根据以色列 2001 年颁布的《供水和污水处理公司法》相关规定，为了提高用水效率和真实反映水价，以色列进行了改革，把隶属于政府职能的供水和污水处理职责分离出来，组建了市政供水和污水处理公司。这些公司为政府所有，以企业化方式进行运营（企业有限公司），其职能是管理供水和污水处理系统，并通过公司收益来维护供水和污水处理系统，由国家水务局对其统一监管。在改革之前，政府没有充足的财政资金供应污水处理设施的建设，在改革之后，作为改革的一部分，所有的水费收入都被用在与水相关的基础设施建设中（以色列居民用水水价构成见图 6-1）。以色列水价体系是建立在全成本回收原则之上的，包括运行维护费用、与水相关的基础设施投融资利息等。在以色列水价体系中污水处理费占 16%。

截至 2015 年，在 149 个地方当局中，共建立了 55 个市政供水与污水处理公司，还有 36 个地方当局设有相应的公司。以色列国家水务公司（Mekerot）控制着以色列饮用水供应量的 70%，其余 30% 由农场主和市政建立的公司提供。同时，国家水务公司还承担了全国 40% 以上的污水处理和 60% 的污水回收任务。

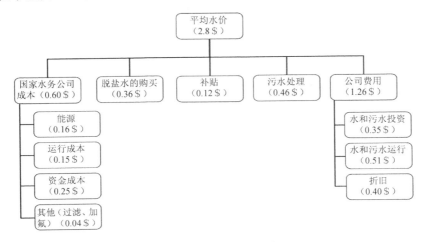

图 6-1　以色列水价构成

数据来源：Israel Water Authority，Prices archives（2014）。

以色列用水采用定额配给管理，并通过调整水价实现。根据工农业生产企业承受能力、供水成本和节约作用，制定合理的水价体系。水价由国家控制，企业运作，用户根据国家制定的水价向公司购买用水。对农业和居民生活用水，除了基础水价外，政府还依据用户水量的多少将水价分为不同的档次，用水量越大，价格越高，用水量超过配额则将受到严厉的经济处罚。

（三）我国与以色列污水处理的目标差异

以色列干旱缺水，所以在严格控制水污染的同时，还非常重视污水再利用。在以色列水资源管理中，污水处理的主要目的是对污水进行回用。国家水务局（the Water Authority）负责其国内的污水管理，其主要职责是保证水质和污水处理的可靠性。早在 20 世纪 60 年代以色列就开始建立了国家水系统，90%的污水汇入了国家水系统（见附图 1）。截至 2012 年，以色列的污水处理率为 93%，有大约 86%的处理污水被回用于农业灌溉，小部分排入环境水体。污水百分之百回用是以色列污水处理领域的最终目标。

相比以色列，我国的污水回用率较低，截至"十一五"期末尚不足 8%。2016 年 2 月，中共中央、国务院在《关于进一步加强城市规划建设管理工作的若干意见》中指出，"到 2020 年，地级以上城市建成区力争实现污水全收集、全处理，缺水城市再生水利用率达到 20%以上"。由此可见，我国与以色列进行污水处理的目标存在较大差别，我国进行污水处理主要以改善水环境为目的，而以色列污水处理的目的除了保护水环境，还是作为拓展水源的有效手段，进而实现国内水资源的有效供给。

（四）以色列污水处理与回用技术

以色列作为一个严重缺水的国家，污水处理与回用是其国家目标之一。为此，以色列不断完善其相关处理系统，以最终实现污水百分之百回用。截至 2011 年，以色列有 96%的人口都接入了污水处理系统。如图 6-2 所示，2005 年之后污水三级处理率显著增多，到 2011 年污水三级处理已经占 49.4%。目前，在以色列，污水一般都经过三级处理才会进一步回用或外排。二级处理是以活性污泥法为主，而三级处理则包括砂滤、土壤含水层处理、人工湿地等。

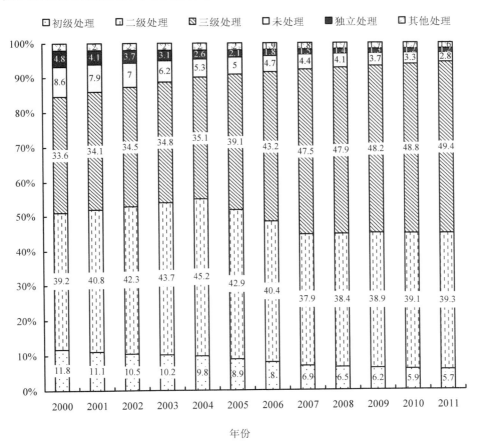

图 6-2　以色列污水处理系统覆盖人口及处理工艺变化情况

数据来源：Sustainable development indicators in Israel 2011。

　　为了促进污水处理和回用，以色列制定了相关法律法规，对污水处理和回收利用加以规范。例如，卫生部制定了污水排放方面的法规，要求排污企业要处理其污水，以达到规定的质量标准。除此之外，还分别制定了适用于无限制农业灌溉和入河排放的水质标准。根据污染物种类的不同，排放指标可分为两类，即卫生指标和盐度指标。由于工业企业有责任在其污水进入市政管网之前对外排污水进行处理，以消除危险物质，所以危险物质类没有列入标准中。

以色列大部分污水处理设施具有脱氮除磷功能，经处理后，出水进入季节性储水池以调节水质和水量来满足季节性农业灌溉需求。为确保水质达标，以色列计划从2011年开始至2020年，完成对污水处理设施升级，即将污水二级处理升级到三级处理。而根据以色列的相关法规要求，污水的三级处理将成为一种标准配置。截至2015年，以色列共有各类污水处理设施500多座，大部分都采用了三级处理措施。以色列污水处理工艺流程如附图2所示。主要包括预处理、初级处理、二级处理和三级处理。基本上与我国执行一级A排放标准的污水处理厂处理工艺流程相似。

以色列污水处理系统主要分布在3个地区：丹地区（大特拉维夫地区）、大海法地区和西耶路撒冷地区。

1. 大特拉维夫地区污水处理与回用

大特拉维夫地区污水处理和回用系统是以色列第一个以三级污水处理标准设计的污水处理和回用项目。它是以色列乃至中东地区最大的污水处理厂，服务人口超过200万人，相当以色列全国人口的30%～35%。每年可提供1.25亿 m³ 的达标出水。该污水处理厂由国家水务公司负责运行。

该地区污水处理厂主要包括预处理、生物处理和三级处理等措施。预处理首先通过格栅去除污水中的各种形状的杂物，如塑料、木板等，之后通过沉砂池去除污水中的沙粒和小石块等。污水经过预处理后进入生化反应池，通过活性污泥法并进行硝化和反硝化脱氮处理后，被排入一个大型渗透盆地，经盆地底部的砂含水层进行深度处理。在平均停留时间为300天的含水层中，污水通过土壤和微生物的物理、化学和生物过程进一步被净化，这种处理工艺也被称作"土壤含水层处理"（Soil-Aquifer Treatment，SAT）。土壤含水层处理技术可以高效地去除水中的污染物质，特别是对悬浮颗粒物有着较好的去除作用。经 SAT 处理后的出水水质见附表1所示。高质量的处理水通过取水井泵入供水系统，实现再利用。

2. 耶路撒冷地区污水处理与回用

耶路撒冷地区的一些污水处理厂选用的处理工艺和相关运行参数见附表2所示。在资料查到的6家污水处理厂中，只有一家污水处理厂为二级处理工艺，其余均为三级处理工艺。二级处理工艺中主要以活性污泥法为主。三级处理以砂滤和 SAT 法为主，另有一座污水处理厂采用了膜生物反器（MBR）。污水经过处理后大部分都用于农业灌溉，仅有 Hod Hasharon 污水处理厂的部分出水补充到了 Yarkon 河当中。

同时，从 Yarkon 河流域两座污水处理厂的出水水质可以看出，其大部分水质指标能满足相关的排放标准，但也存在个别指标轻微超标的问题。具体水质情况见附表3。

此外，以色列还十分重视对污水处理厂的精细化管理，如在 Ariel 西工业园区污水处理厂，采用模糊反馈数字监控系统对曝气池中的溶解氧进行动态控制，当溶解氧高于设定值时停止曝气，当低于设定值时开启曝气，以降低处理过程中的电能消耗。而且，以色列还制定了污水处理厂处理工艺导则以规范其运行。

3. 脱盐处理

当用污水进行农业灌溉时，盐分含量将对作物和土壤产生影响。盐分一般不能通过普通的污水处理方法进行去除，只有通过脱盐过程才能有效地降低盐分含量，但脱盐过程一般费用较高。

以色列主要的脱盐工艺为反渗透。脱盐过程可以在水源供水时进行，也可以直接对污水处理厂出水进行脱盐。各种水源都可进行脱盐处理，但是不同的原水其脱盐过程也大不相同，如海水、淡咸水。根据 Adan Technologies Report 最经济的减少污水厂出水盐分的方式是在供水源头处脱盐而不是在污水处理过程中脱盐。

以色列海水淡化厂的建设必须遵守公开招投标程序。海水淡化设施一般通过建设-经营-转让（BOT）模式为公司提供资金。特许设计并建造运行约26.5年后，脱盐水厂将被移交给国有经营工厂。在私有公司运行脱盐水厂时，该公司的水价收入作为私营公司的私有收入。

为了减少海水淡化厂的投资成本，私营公司被允许与海水淡化设施一起建设电站，电站不仅可以满足自身用电，还可以将电卖给国家电网以获得相应的利润。以色列的脱盐水价格是世界最低的，2010年，全国平均价格为0.65美元。Sorek 脱盐水厂的水价为0.52美元。

二、我国与以色列污水处理设施运行成本比较

以色列水资源委员会（国家水务局前身）和农业部门在有关规划和导则的制定过程中参考的污水处理成本如下：储水池存储或氧化塘处理，其成本为0.12美元/m³，

包括建设运行和输水的费用；二级处理达到出水水质 BOD=20 mg/L 和 TSS=30 mg/L 的标准，所需成本 0.21 美元/m³，加上脱氮处理还需再增加 0.07 美元/m³；三级处理（包括土壤含水层处理，或相同处理功能的砂滤或氯化）成本为 0.29 美元/m³；在 SAT 之后进行四级处理（活性炭吸附）0.1 美元/m³；反渗透脱盐处理出水还需增加 0.3 美元/m³。综上所述，三级处理工艺的处理成本至少在 0.41 美元/m³ 以上（2006 年数据）。具体情况见附表 4 所示。

另外，以葛洲坝水务投资有限公司以色列籍首席技术官 Michael Shnitzer 介绍的其参与设计的内坦亚污水处理厂（Netanya WWTP）为例，该厂服务人口为 405 000 人，日均处理水量为 75 000 m³/d。该厂采用三级处理工艺，其中预处理包括格栅、除油除砂系统和初沉池；二级处理采用 A²/O 工艺；三级处理采用的处理单元有混凝（硫酸铝混凝沉淀）、重力快速砂滤、次氯酸钠消毒。若出水排放到河流还将对出水进行跌水曝气，确保溶解氧大于 3 mg/L。该厂设计进出水水质情况见表 6-2。

表 6-2 以色列内坦亚污水处理厂设计进出水水质

参数	单位	进水	出水（无限制农业灌溉）	出水（河流）
BOD$_5$	mg/L	370	10	10
COD	mg/L	845	100	70
SS	mg/L	460	10	10
总氮	mg/L	60	25	10
氨氮	mg/L	55	10	1.5
总磷	mg/L	12	5	1
粪大肠杆菌	Cells/100 ml	—	10	200
余氯	mg/L	250	250	400
电导率	dS/m	1.4	1.4	—
钠	mg/L	150	150	200
氯化物	mg/L	2	2	—
溶解氧（最小值）	mg/L	—	0.5	3
pH	—	6.5～8.5	6.5～8.5	7.0～8.5
矿物油	mg/L	15		1.0

数据来源：葛洲坝水务投资有限公司以色列籍首席技术官 Michael Shnitzer 提供。

该厂 2009 年以 BOT 方式由某公司以 1.25 新谢克尔/m³,特许经营 15 年的条件中标进行建设,并在 2012 年年底投入运行。其中标价格约 2 元/m³,除去企业 30%的利润,其建设与运行成本约 1.4 元/m³。

我国相关研究人员调研了 227 个污水处理厂后,发现 227 个样本在 2013 年的单位运营成本在 0.51~3.01 元/m³ 之间(具体情况见附表 5),平均运营成本(含建设费)为 1.38 元,平均建设成本为 0.37 元/m³,平均运行成本为 0.81 元/m³,平均污泥处理成本为 0.20 元/m³。东部地区执行一级 B 标准的污水处理厂平均运行成本为 1.27 元,中部地区执行一级 B 标准的污水处理厂平均运行成本为 1.21 元。以色列内坦亚污水处理厂运行成本略高于我国污水处理厂平均运行成本,也高于我国东中部地区执行一级 B 标准的污水处理厂。

三、以色列污水排放标准升级与达标途径成本效益分析

1992 年,以色列卫生部制定了一项污水卫生附加标准($BOD_5 < 20$ mg/L,且 $TSS < 30$ mg/L)。该标准有助于降低使用污水带来的环境与健康影响。然而,以色列的污水处理厂不断地排放含各类污染物和大量盐类的污水,持续造成各类环境与健康问题。因此,实施更严格的污水处理标准和相关法规势在必行。以色列政府于 2000 年决定,要求环境保护部建立部际委员会,专门研究提高污水处理的标准问题。该部际委员会于 2001 年公布了用于不受限制灌溉和河流排放的污水处理标准,并于 2003 年进行了经济可行性测试,这也为新标准的科学制定奠定了基础。2005 年,以色列内阁批准了部际委员会的标准。最终,2010 年,以色列议会通过了《公众健康法》,规定了回收水所应该满足的悬浮物和固体的最大标准,以及经处理的污水达到不受限制灌溉和河流排放分别应达到的 36 个指标,见附表 6。

由于以色列污水处理后大部分被回用于农业生产,因此,对排放标准制定的成本效益分析主要关注处理后的污水用于农业灌溉带来的相关收益,而不考虑污水处理后再排入河流从而提高河水水质等其他收益。具体成本分析流程见图 6-3。

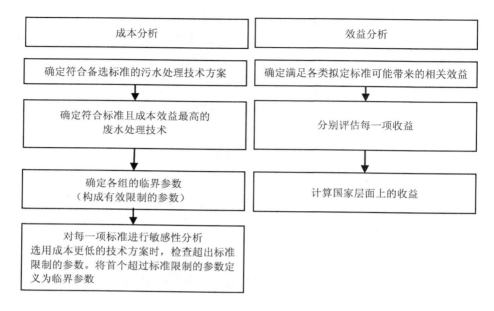

图6-3　成本与效益分析的主要步骤

（一）污水处理排放的备选标准

污水水质标准规定了多种水质参数，为方便对实行更严格的污水处理标准进行研究，以色列研究人员将水质指标分为两类，即盐度类指标（如氯化物和硼等指标）和卫生类指标（如 BOD 和 TSS 等指标）。

基于这两类指标，以色列相关部门收到了大量的备选标准，并组织工程专家组对它们进行筛选，最终确定了基本标准、中等标准和严格标准的参数值，如表 6-3 所示。

表6-3　卫生类与盐度类污水污染物建议标准的参数值

参数	基本标准	中等标准	严格标准
污水卫生类污染物			
BOD（生化需氧量）/（mg/L）	20	10	10
COD（化学需氧量）/（mg/L）	100	100	100
总悬浮物（TSS）/（mg/L）	30	10	10
氨/（mg/L）	50	50	20

参数	基本标准	中等标准	严格标准
总钾（凯氏氮）/（mg/L）	60	60	20
总磷（TP）/（mg/L）	10	10	5
氟化物/（mg/L）			2
粪大肠杆菌/（cells/100 ml）	不作限制	10	10
DO（溶解氧）/（mg/L）	<0.5	<0.5	<0.5
余氯/（g/L）	0	1	1
阴离子洗涤剂/（g/L）		2	2
污水盐度类污染物			
电导率/（dS/m）	1.6		1.4
氯化物/（mg/L）	280		249
钠/（mg/L）	168		152
硼/（mg/L）	0.44		0.38
pH	6.5～8.5		6.5～8.5
钠吸附率（SAR）/（mmol/L）$^{0.5}$	−6		−5

数据来源：Is the Upgrading of Wastewater Treatment Facilities to Meet More Stringent Standards Economically Justified：The Case of Israel，2012，以下简称"The Case of Israel"。

其中，基本标准代表了污水的二级处理标准。中等标准和严格标准则是为污水的三级处理而制定的，是对城市污水处理厂进行升级改造后要达到的标准。

在进行成本效益分析研究时，假定目前以色列所有污水处理厂都符合基本标准。将卫生和盐度建议标准进行排列组合即构成了全部备选检验标准，共有 6 个可能的备选方案，如表 6-4 所示。

表 6-4　备选标准

盐度备选标准	卫生备选标准		
备选方案	基本标准	中等标准	严格标准
基本标准	方案 1	方案 2	方案 3
严格标准	方案 4	方案 5	方案 6

数据来源：The Case of Israel。

（二）成本效益分析结果

1．成本分析

污水处理需要达到的水平和等级，决定了污水处理的成本。从全国层面对卫生和盐度标准进行了分析。

与其他方案相比（如海水脱盐、减少家庭和工业排盐量的措施，以及对工业污水盐度进行预处理），成本效益最高的控盐方法是对水源水进行脱盐。用于稀释供水系统的海水，只经过一级脱盐处理，无法实现被处理污水的其他潜在用途，只有二级脱盐才能被视为实行严格标准的部分成本。因此，只需考虑二级脱盐的相关成本即可。

卫生处理成本：若保持现有标准（基本标准），将不产生额外成本，而中等标准和严格标准的额外成本分别为 0.10 美元/m³ 和 0.15 美元/m³。

盐度处理成本：海水脱盐的相关成本估计为 0.04 美元/m³。因为只有二级水源水脱盐工艺会产生部分成本，每立方米废水的估算成本为 0.015 美元。

总成本：表 6-5 列出了六种废水处理拟定标准的成本。

表 6-5　各类拟定标准可能的组合成本　　　　　　　　单位：美元/m³

卫生标准	盐度标准	
	基本标准	严格标准
基本标准	0	0.015
中等标准	0.10	0.115
严格标准	0.15	0.165

数据来源：The Case of Israel。

2．效益分析

对现有标准过渡到拟定标准所产生的预期效益进行量化，构成了效益分析的基础。盐度控制方面的效益分析主要从防止农作物产量下降、降低含水层盐度和家庭，以及工业的收益等方面进行。而对于卫生方面的效益分析主要从农作物灌溉、降低过滤设备成本、降低灌溉系统的损耗、降低蓄水池的维护成本、清除营养物的效益、提高含水层水质和节约过滤洗涤的用水量等方面进行分析。

（1）严格的盐度标准所产生的效益

1）防止农作物产量下降。用高盐度的废水灌溉，会导致土壤盐类积累，并最终破坏农作物。土壤盐度的下降预计能够产生防止农作物产量减少之收益。每种农作物都有对应的盐类浓度上限，该指标可用电导率（E.C.）表示，一旦超过该上限，农作物产量就会随土壤盐度的增加而直线下降。具体计算结果根据以色列农业部开展的一项研究得出。该研究考察了不同等级的电导率，并分析了每立方米废水在相应电导率等级下所造成的经济损失（按农作物销量算）。

2）降低含水层盐度。假设基本废水标准保持不变，以色列的含水层盐度将有可能继续升高，并达到不进行脱盐就无法利用含水层的程度。实行更高标准的废水处理标准（即需要两级脱盐处理），将降低含水层盐度。因此，降低废水盐度的预期成本将与降低含水层盐度的成本不相上下。该计算所基于的前提是，假设用脱盐工艺降低含水层盐度的成本约为 0.019 美元/m³。假设氯化物到达含水层需要的平均时间大约为12 年，那么，该数额按每年 5% 的标准率折算成现值。

3）家庭和工业的收益。实施更严格废水处理标准为家庭和工业带来的收益在于，可减少对电气设备和卫生系统的损害。

（2）中等卫生标准所产生的效益

1）利用废水对经济效益更好的农作物进行灌溉。因为废水灌溉会引起潜在的健康风险，所以现行法律只允许使用符合基本卫生标准（简称为 A 组）的废水来灌溉特定农作物，而其他农作物只可以用符合中等卫生标准（简称为 B 组）的废水灌溉。所以，用中等卫生标准取代基本卫生标准，将使废水的灌溉适用范围覆盖所有农作物（简称为 A+B）。预计这将为改用符合严格标准的废水的农民带来收入，因为他们种植B 组农作物的纯收入要远高于 A 组农作物。这些收入相当于实行中等卫生标准所产生的收益，因为它们属于社会效益的一部分。

2）降低过滤设备成本。当使用高质量已处理废水灌溉时，过滤设备的总成本相当于使用基本卫生标准废水灌溉需要的过滤设备总成本的 65%～70%。

3）降低灌溉系统的损耗。这项效益包括两部分：①节省加氯处理的相关开销——目前，为了减少灌溉系统的堵塞问题，农民不得不对灌溉系统进行加氯处理。而使用符合中等卫生建议标准的废水之后就不需要进行加氯处理了。②提高灌溉系统的使用年限——在使用符合中等卫生建议标准的废水进行灌溉后，灌溉系统的堵塞现象预计将会减少。

（3）严格卫生标准所带来的收益

以色列研究人员对大概 40 个农场进行了综合调查，旨在查明实行更严格的废水处理标准后，农场养护成本下降所带来的潜在额外收益。同时对四项主要的潜在收益进行了考察。

1）降低蓄水池的维护成本。当蓄水池中的已处理废水只符合现有标准时，水中的营养物将导致水藻在蓄水池上层水面迅速繁殖。因此，必须定期从蓄水池向外洒水，以防治虫害。升级卫生标准将降低这些成本。

2）清除营养物的效益。营养物（如氮和磷）既是一种肥料，也可能造成污染。氮含量偏高或偏低都会影响农作物生长。因此，一方面，含氮量高的废水会影响农作物生长；另一方面，废水经脱氮处理后，农民必须向灌溉用水中添加氮，费用约为 0.01 美元/m^3。此外，磷也会影响农作物生长。从废水中清除氮和磷为农民带来的潜在效益，要根据农民与农作物灌溉专家进行会谈的结果得以确定。

3）提高含水层水质。额外的收益涉及对到达含水层的营养物（即氮和磷）数量实施严格的废水处理标准所产生的效果。以严格处理标准清除废水营养物，可以防止营养物渗入含水层，特别是渗入滨海含水层（以色列淡水的主要来源之一）。实施更严格的卫生标准将以 40 mg/L 的幅度减少被处理废水中的含氮量。以色列水文管理机构的专家发现，沿海地区的灌溉用废水中，约 50%的氮进入了滨海含水层。因此，清除灌溉用废水中的氮能够防止含水层污染。所以，这方面的收益在于节省未来用于地下水脱氮（采取萃取法）的处理成本。处理成本的估算参考了以色列水利委员会（Israeli Water Commission）的数据（为地下水修复提供资金支持的研究项目）。

4）节约过滤洗涤的用水量。废水灌溉系统需要经常洗涤和清理以防止堵塞。此外，滴灌系统也必须经常更换。

5）未量化的其他效益。需指出，以色列相关研究主要关注利用已处理废水进行农业灌溉所产生的效益，并没有考虑其他方面的收益，例如：

——降低污染可以在路边和地下抽水站附近实现土地灌溉；

——用水质差的废水进行灌溉会破坏以色列农业的出口形象；

——对旅游业的影响；

——向海洋排放废水违反相关国际条约（如 NAP 协定）。

尽管这些影响的重要性比较突出，但由于评估其价值有很大难度，加之存在大量相关未知因素，因此该项研究并未对上述效益进行研究。为此可认为，实际效益比计算的更大。

量化后的效益汇总表见表 6-6。严格的卫生标准总效益包括中等卫生标准的总效益。

表 6-6　盐度和卫生拟定标准的效益汇总

单位：美元/m³

效益类型	效益	效益作用
严格的盐度标准		
防止由电导率增加而导致农作物产量下降	0.007	电导率变化：1.6～1.4，减少 30 mgCl/L 所致
降低含水层盐度	0.01	减少 30 mgCl/L
家庭和行业的效益	0.015	减少 200 mgCl/L
严格的盐度标准总效益	0.032	
中等卫生标准		
更具经济效益的农作物增多	0.17	已处理废水灌溉平均可节省 1.5 亿 m³ 淡水
降低过滤设备成本	0.012 5	可节省 30%的设备价值
对加氯处理的需求降低	0.002 5	有机污染物负荷量下降
延长灌溉系统使用年限	0.017 5	灌溉系统管道堵塞减少
可利用的农田面积增加	未估算	抽水站附近和路边将不
中等卫生标准总收益	0.202 5	必设立安全区域
严格的卫生标准		
降低蓄水池维护成本	0.009	不太需要喷洒防虫害
节约过滤洗涤的用水量	0.005	水中的有机质含量降低
清除营养物	0.01	纯收益（0～0.02 美元）
提高含水层水质	0.03	降低营养物数量（只涉及含水层上面的区域）
严格卫生标准总效益*	0.256 5	

* 严格的卫生标准总效益包括中等卫生标准的总效益。

数据来源：The Case of Israel。

3. 成本效益分析结果

用总效益减去总成本的方法确定最具经济效益的处理标准。经过研究发现，采用严格的卫生标准和盐度标准将产生最高纯收益，即处理每立方米已污水可带来的纯受益可达 0.123 5 美元，见表 6-7 和表 6-8。

表 6-7　拟定标准的成本效益分析　　　　　　　　　单位：美元/m³

拟定标准	成本效益分析		
	成本	效益	纯效益
盐度标准			
基本标准	0	0	0
严格标准	0.015	0.032	0.017
卫生标准			
基本标准	0	0	0
中等标准	0.10	0.202 5	0.102 5
严格卫生标准*	0.15	0.256 5	0.106 5

*严格的卫生标准总效益包括中等卫生标准的总效益。

数据来源：The Case of Israel。

表 6-8　备选处理标准可能带来的纯效益　　　　　　单位：美元/m³

		盐度标准	
		基本标准	严格标准
卫生标准	基本标准	0	0.017
	中等标准	0.102 5	0.119 5
	严格标准	0.106 5	0.123 5

数据来源：The Case of Israel。

（三）升级污水处理厂的经济合理性分析

针对所推荐的严格污水排放标准，以色列研究人员也对污水处理厂达到相关标准的途径进行了经济合理性分析。

由于一些污水处理厂仍在规划阶段，还有一些现有的污水处理厂甚至达不到污水处理的基本标准，因此，所需要的投资可分为两类：一是建设/升级符合基本标准的污水处理厂所需要的投资。二是污水处理厂为达到拟定标准所要求的水质而需要进行的额外投资。

据估计，污水处理厂达到基本处理标准所需要的预计投资额为 1.69 亿美元。将污水处理厂升级至拟定标准所需成本不包括上述费用。将废水处理厂升级至拟定标准所需要的额外投资额预计为 2.28 亿美元。按 25 年期年利率为 6% 的贷款来计算，对应的资金回收系数应为 0.078 23。因此，年资金偿还额应为 1 788.6 万美元。此外，升级后的运营和维护年均总成本大约为 3 323 万美元。

按 2010 年年均总废水流量为 5.48 亿 m^3 计算，将废水处理厂升级至拟定标准所需要的成本为 0.033 美元/m^3，运营和维护成本为 0.061 美元/m^3，因此，年均总成本可估算为 0.094 美元/m^3。由于将水质标准升级到最严格标准时，处理每立方米污水可产生 0.123 5 美元的收益，因此升级污水处理厂具有经济合理性。

四、政策建议

（一）加强对污水排放标准制定过程的成本效益分析，提高标准的科学性和可操作性

污水排放标准是污水管理的关键管理手段，以色列在制定污水排放标准时不仅考虑了接纳水体的环境质量，而且对排放标准及达标途径进行了成本效益分析，这就使得所制定的排放标准具有较好的科学性和可执行性，同时有利于污水处理厂达标排放。我国现行污水处理厂排放标准为 2002 年所制定，其中的一级 B 标准与以色列现行污水排放标准接近。目前我国正在修订污水处理厂排放标准，建议在修订的过程中针对不同受纳水体，结合水环境质量，注重对标准的成本效益和达标途径的经济可行性分析，进而提高污水排放标准的科学性和可操作性。在修订标准的同时，还应鼓励污水处理回用。

（二）提高污水处理费收费标准，完善水价体系，建立排污标准与水价联动机制

提高污水处理费一方面可以用以维持污水处理厂的运行和盈利；另一方面，当征收标准提升到一定水平后可以促进污水排放主体减排，对工业企业和居民的节约用水

和循环用水起到刺激作用，进而提高用水效率。此外，提高污水处理费用有利于污水处理厂的盈利水平的提升，进而促进社会资本向污水处理领域流动，有利于实现污水处理厂的资金来源多样化，减轻政府负担。借鉴以色列水价体系，以全成本定价为原则完善水价体系，即水价应包括开发、利用水资源和处理排放废污水产生的全部成本，包括生产成本、机会成本和外部成本。同时加强与发改委、水利部等部门联动，形成排放标准与水价联动机制，在修订污水排放标准时，也应基于排放标准和技术工艺确定建设、运行成本，动态调整水价标准。

（三）以中以环境合作谅解备忘录签署为契机，在"一带一路"建设框架下加强与以色列环保部门合作，建立合作机制，促进我国水环境质量改善

以色列作为"一带一路"沿线上的重要国家，其水环境管理和污水处理高新技术值得中国学习借鉴、引进消化和吸收。建议以《中华人民共和国环境保护部与以色列国环境保护部环境合作谅解备忘录》签署为契机，在"一带一路"建设框架下以政策互联互通促进环境管理经验互鉴。通过举办高层论坛、研讨会和研修班等方式建立固定合作机制，加强两国环保部门在环境管理、污水处理技术方面的交流与合作。以科技互联互通带动环保技术引进和科技创新。以色列30%的初创公司都与水有关，50%的水技术公司都从事着污水处理的研发活动，因此以色列被誉为全球最大的水技术创新基地。通过共建联合实验室（研究中心、工程中心）、环保联合研究基金促进环保科技人员交流和技术引进，合作开展重大专项科技攻关，提升我国环保科技创新能力。以信息互联互通促进环保产业合作。以"互联网+"、大数据等信息化手段为依托，"一带一路"生态环保信息共享平台为窗口，加强两国环保信息共享，促进环保产业深入合作，为我国水环境质量改善注入新动能。

参考文献

[1]   Bismuth C, Hansjürgens B, Yaari I. Technologies, Incentives and Cost Recovery: Is There an Israeli
       Role Model? [M]//HÜTTL F R, BENS O, BISMUTH C, et al. Society - Water - Technology: A
       Critical Appraisal of Major Water Engineering Projects. Cham: Springer International Publishing,
       2016: 253-275.

[2]   Israel Water Authority. Wastewater & effluents in Israel: monitoring and prevention of water
       pollution[R].2015.

[3]   中共中央 国务院关于进一步加强城市规划建设管理工作的若干意见 [EB/OL]. http: //www.
       gov.cn/zhengce/2016-02/21/content_5044367.htm? _t=t.

[4]   Hüttl R F, Bens O. Water Resources Development and Management[M]. 2016.

[5]   Inbar Y. New Standards for Treated Wastewater Reuse in Israel[M]//ZAIDI M K. Wastewater
       Reuse–Risk Assessment, Decision-Making and Environmental Security. Dordrecht: Springer
       Netherlands, 2007: 291-296.

[6]   Israel ministry of enivronmental protection. National Health Standards: Water Quality and
       Treatment Standards for Water Reuse [Z]. 2010.

[7]   张永晖. 以色列的污水处理与回收产业及合作建议[J]. 中国水利, 2013, 715 (1): 63-64.

[8]   Adan Technologies Report. The benefits of using saltwater through dilution with desalinated
       seawater from the Ashkelon desalination plant saltwater through dilution with desalinated seawater
       from the Ashkelon desalination plant[R].2001.

[9]   Spiritos E, Lipchin C. Desalination in Israel[M]//BECKER N. Water Policy in Israel: Context,
       Issues and Options. Dordrecht: Springer Netherlands, 2013: 101-123.

[10]   A T. Seawater desalination in Israel: planning, coping with difficulties, and economic aspects of
       long-term risks[Z]. 2010.

[11]   谭雪, 石磊, 马中, 等. 基于污水处理厂运营成本的污水处理费制度分析——基于全国 227
       个污水处理厂样本估算[J]. 中国环境科学, 2015 (12): 3833-3840.

[12]   Lavee D. Is the upgrading of wastewater treatment facilities to meet more stringent standards

economically justified: The case of Israel[J]. Water Resources, 2014, 41 (5): 564-573.

[13] 商务部. 对外投资合作国别（地区）指南——以色列[M]. 2015.

[14] 驻以色列使馆经商处. 以色列水资源综合管理体制[EB/OL]. 2016 年 7 月 29 日. http://www. mofcom.gov.cn/aarticle/i/dxfw/gzzd/201106/20110607621708.html.

[15] Arlosoroff S. Wastewater Management, Treatment, and Reuse in Israel[M]//ZAIDI M K. Wastewater Reuse–Risk Assessment, Decision-Making and Environmental Security. Dordrecht: Springer Netherlands, 2007: 55-64.

[16] Dotan P, Godinger T, Odeh W, et al.. Occurrence and fate of endocrine disrupting compounds in wastewater treatment plants in Israel and the Palestinian West Bank[J]. Chemosphere, 2016, 155: 86-93.

[17] Garcia X, Pargament D. Reusing wastewater to cope with water scarcity: Economic, social and environmental considerations for decision-making[J]. Resources, Conservation and Recycling, 2015, 101: 154-166.

[18] Fine P, Halperin R, Hadas E. Economic considerations for wastewater upgrading alternatives: An Israeli test case[J]. Journal of Environmental Management, 2006, 78 (2): 163-169.

附图：

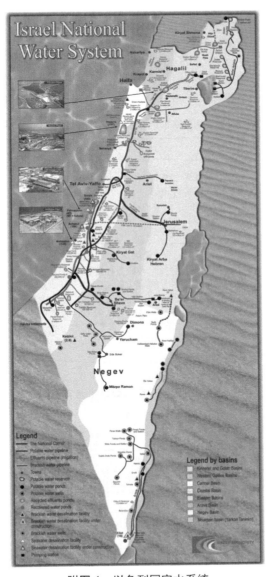

附图 1 以色列国家水系统

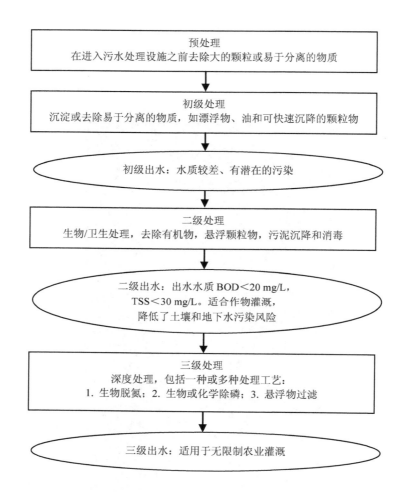

附图 2　以色列污水处理工艺流程图

附表 1　丹地区污水处理厂和经 SAT 处理后回用水水质

指标	单位	原水	污水处理厂出水	SAT 出水
悬浮固体	mg/L	378	11	0
BOD$_5$	mg/L	368	12	<0.5
COD	mg/L	851	49	8
NH$_4$-N	mg/L	38.5	6.5	0.03
Total-N	mg/L	60.7	11.4	1.02

指标	单位	原水	污水处理厂出水	SAT 出水
P	mg/L	15	3	0.13
细菌总数	No./1 ml	2.8×10^7	8.0×10^5	456
大肠杆菌	MPN/100 ml	2.3×10^8	4.1×10^5	0
粪大肠杆菌	MPN/100 ml	3.2×10^7	2.8×10^4	0

数据来源：Wastewater Management，Treatment，and Reuse in Israel，2007。

附表 2　耶路撒冷地区污水处理厂处理工艺及运行参数

污水处理厂厂址	处理级别	技术	日处理量/m³	水力停留时间/h	三级处理	污水用途	污泥消化	污泥回用/处置
Yad Hana	二级	AP	4 130	47（天）	无	灌溉	石灰稳定干化	采石场
Ra'anana（RNN）	三级	SBR	12 300	8.8	砂滤	灌溉	好氧消化	无
Ben-Gurion airport	三级	MBR	2 650	32.5	无	灌溉	无	肥料
Shafdan	三级	AS（底部曝气）	359 920	5.2	土壤含水层处理（SAT）	灌溉	N-Viro	肥料
Hod Hasharon	三级	AS（底部曝气）	26 900	9.4	砂滤+紫外消毒	排入 Yarkon 河与灌溉	好氧消化	堆肥
Yeruham	三级	AS（转碟表面曝气）	1 960	40.15	砂滤	灌溉和排入 Yeruham 储水池	干燥	无

注：AP（aeration pond）=曝气池；SBR（sequence batch reactor）=序批式活性污泥法；MBR（membrane bioreactor）=膜生物反应器；AS（activated sludge）=活性污泥法。

数据来源：Occurrence and fate of endocrine disrupting compounds in wastewater treatment plants in Israel and the Palestinian West Bank，Chemosphere，2016，155：86-93.

附表 3 以色列第二大河流 Yarkon 河流域两座污水处理厂 2012 年年均出水水质情况

名称	TSS（105℃）		BOD₅		NH₄		TN		TP		Cl⁻	
	均值	标准差	均值	标准差	均值	标准差	均值	标准差	均值	标准差	均值	标准差
Ramat Hasharon WWTP	4.05	2.19	6.42	2.56	1.89	1.76	2.93	1.94	0.93	0.97	210.49	19.40
Kfar Sava WWTP	2.21	0.96	2.28	1.04	1.51	3.54	10.55	3.38	1.50	1.02	200.67	11.15
排放标准（灌溉）	10		10		10		25		5		250	
排放标准（河流）	10		10		1.5		10		1		400	
我国一级 B 标准	20（SS）		20		8		20		1			
我国一级 A 标准	10（SS）		10		5		15		0.5			

注：关于颗粒物指标以色列测定的是总悬浮颗粒物（TSS），而我国测定的是悬浮颗粒（SS）。

数据来源：Reusing wastewater to cope with water scarcity：Economic，social and environmental considerations for decision-making，Resources，Conservation and Recycling，2015，101：154-166。

附表 4 以色列污水处理设施运行成本

序号	处理工艺	平均成本/（美元/m³）	备注
	区域规模污水处理成本		
1	氧化塘	0.12	包括建设、维护和泵站
2	通过储水池稀释（如雨水稀释）	0.12	
3	二级处理（BOD、TSS=20 mg/L、30 mg/L）	0.21	
4	硝酸盐的去除	0.07	处理规模 1 800 万 m³/a，约为 4.93 万 m³/d
5	三级处理（土壤含水层处理或过滤和加氯消毒）	0.29	
6	四级处理（活性炭吸附）	0.17	
7	反渗透	0.23～0.30	
	一般的工艺选择（以排入河流为例）	>0.41	3+4+9+10，并且氨氮浓度限值为 1.5 mg/L
8	延时存储（≥60 天）	0.004	
9	深度砂滤	0.06	
10	氯化	0.07	以每小时处理 480 m³ 计算

数据来源：Economic considerations for wastewater upgrading alternatives：An Israeli test case，Journal of Environmental Management，2006，78（2）。

附表5 我国污水处理厂运营成本

地区	执行标准	个数	运营成本/（美元/t）			
			总成本	建设成本	污水运行成本	污泥处理成本
东部地区	一级 A 标准	63	0.25	0.07	0.14	0.04
	一级 B 标准	59	0.20	0.05	0.12	0.03
	二级标准	6	0.18	0.07	0.11	0.005
	总计	128	0.31	0.06	0.13	0.03
中部地区	一级 A 标准	21	0.24	0.08	0.10	0.06
	一级 B 标准	39	0.20	0.05	0.12	0.03
	二级标准	2	0.17	0.05	0.09	0.03
	总计	62	0.21	0.06	0.11	0.04
西部地区	一级 A 标准	4	0.17	0.04	0.13	0.04
	一级 B 标准	29	0.25	0.09	0.15	0.02
	二级标准	3	0.26	0.05	0.14	0.07
	三级标准	1	0.12	0.04	0.07	0.01
	总计	37	0.24	0.08	0.14	0.02

数据来源：基于污水处理厂运营成本的污水处理费制度分析——基于全国 227 个污水处理厂样本估算，成本统计年限为 2013 年。

附表6 以色列污水处理厂排放标准

序号	指标	单位	无限制灌溉[*]	河流
1	BOD_5	mg/L	10	10
2	TSS	mg/L	10	10
3	COD	mg/L	100	70
4	氨氮	mg/L	10	1.5
5	总氮	mg/L	25	10
6	总磷	mg/L	5	1
7	溶解氧	mg/L	<0.5	<3
8	pH		6.5～8.5	7.0～8.5
9	粪大肠杆菌	MPN/100 ml	10	200
10	余氯	mg/L	0.8～1.5	0.05
11	电导率	dS/m	1.4	
12	氯化物	mg/L	250	400
13	氟化物	mg/L	2	
14	钠	mg/L	150	200

序号	指标	单位	无限制灌溉*	河流
15	SAR（钠吸收比率）	（mmol/L）$^{0.5}$	5	
16	硼	mg/L	0.4	
17	阴离子表面活性剂	mg/L	2	0.5
18	烃			1
19	砷	mg/L	0.1	0.1
20	汞	mg/L	0.002	0.000 5
21	铬	mg/L	0.1	0.05
22	镍	mg/L	0.2	0.05
23	硒	mg/L	0.02	
24	铅	mg/L	0.1	0.008
25	镉	mg/L	0.01	0.005
26	锌	mg/L	2	0.2
27	铁	mg/L	2	
28	铜	mg/L	0.2	0.02
29	镁	mg/L	0.2	
30	铝	mg/L	5	
31	钼	mg/L	0.01	
32	钒	mg/L	0.1	
33	铍	mg/L	0.1	
34	钴	mg/L	0.05	
35	锂	mg/L	2.5	
36	氰化物	mg/L	0.1	0.005

* 出于对土壤、植物、水文和公共健康的考虑。

第七章　中以环保合作现状与政策建议[①]

中国自改革开放以来，经济快速发展，2010 年中国成为世界第二大经济体。中国经济发展是以粗放型经济增长方式为基础的，在增长的同时，也成为世界资源消耗大国和污染排放大国。中国环境污染问题日益凸显，面对日益严重的环境问题，中国政府积极开展防治、治理的各项工作，并且强调与世界各国展开环境保护合作。以色列是创新的国度，在水污染处理、水资源循环利用等先进技术和科学管理上居世界领先地位，对中国有宝贵的借鉴意义。近年来，在中以环境合作谅解备忘录的框架下，两国的环保合作进入新的历史阶段。

一、中国环境问题与以色列环保经验

当代中国正处于由传统型社会向现代化社会加速转型的关键时期，在社会发展、科技进步、物质财富日益丰富、经济水平持续攀升的历史阶段，也暴露出诸多社会问题，其中环境污染现象尤为突出。环境是人类赖以生存的基础，如何正确处理人与自然的关系，实现科学发展是改革道路上不容忽视的主题。环境问题作为世界各个国家的重要课题之一，既说明生态文明的重要性，也表明环境改善的紧迫性。当前，中国的环境问题主要有气候变化、跨海环境、土地荒漠化日益严重、生物多样性锐减、空气污染加重及水污染等问题。目前我国局部的环境问题虽有所改善，但是治理能力不

① 本章由雷钰、张扬撰写。

及破坏速度，整体趋势依旧不容乐观。具体体现在以下三个方面：大气污染形势严峻、水资源匮乏且污染浪费严重和土地资源过度开发。

以色列地处地中海西岸，地形南北狭长，北部及中部地区为山区，南部为荒漠地区，平原区集中在地中海沿岸一带，受地中海气候影响，冬季温和湿润，夏季高温干旱。以色列地域狭窄且2/3的土地属于干旱或半干旱地区，矿产资源贫乏，淡水资源奇缺，人均淡水量低于300 m³/a。随着人口的增长和经济的发展，以色列人的生存环境将面临更严峻的挑战。经过长期的实践和创新，以色列逐渐形成了人与自然和谐的可持续发展模式，在水资源集约开发利用、固体废物管理、环境管理机制、环保立法、环保科技和区域性环境合作等方面值得我们借鉴。

（一）以色列水资源利用与保护经验

大部分领土为干旱或半干旱地区的以色列，在水资源管理上走在了世界前列：以色列拥有世界最大规模的海水淡化设施，淡化水的年产量为5.05亿 m³，占全部用水量的20%。以色列是世界上滴灌领域的主导者，80%的农田使用滴灌技术；以色列回收水用于农业的比率世界最高，70%的城市污水被回收用于农业；以色列拥有水设备发展的前沿技术并提供多种多样的先进设备；以色列在水工程、水管理和水咨询方面经验丰富。以色列人善于从提高水资源利用和保护的技术中取得效益，在获得社会和环境效益的同时又得到经济效益，从而提高了整个社会在节水、提高水利用效率上的自觉性和积极性。

（二）以色列固体废物的管理经验

以色列领土狭小，但随着人口的增长，生活和消费水平的提高，固体废物以每年4%～5%的速率增加。近年来，以色列关闭了绝大多数非法的垃圾堆集地，而代之以环保型的垃圾填埋场；实施了包括减少、重复使用、回收、堆肥和焚烧等固体废物处理的综合管理模式；进一步促进低废和无废技术的应用，对有害物质则进行"全程"管理模式，即对有害物质的生产、使用、放置和处理等各个环节实行许可、规定和监督制；通过加强立法、实施全国性综合应急计划、改造和完善有害废物处理场地等措施，把有害物质对健康和环境的潜在危险减小到最低程度。

（三）以色列环保农业科技

以色列农业灌溉技术经历了大水漫灌、沟灌、喷灌和滴灌等几个阶段。20 世纪 50 年代，喷灌技术代替了长期使用的漫灌方式。60 年代，以色列水利工程师首次提出了滴水灌溉的设想，并研制出了实用的滴灌装置。从此，以色列农业灌溉发生了根本性的革命，滴水灌溉技术不断更新、推广，现在，以色列超过 80% 的灌溉土地使用滴灌方法，使单位面积耕地的耗水量大幅下降，水的利用效率大大提高。目前，以色列每年都在推出新的滴灌技术与设备，并从滴灌技术中派生出埋藏式灌溉、喷洒式灌溉、散布式灌溉等，这些技术有的已经进入了包括中国在内的国际市场。

二、中以环保合作现状

以色列发达的水资源管理技术世界领先，值得我们学习和借鉴。水资源管理、废水处理、水体环境的保护，一直是我国环境治理的重要议题。随着水价的逐步上涨，海水淡化的市场空间将越来越大。从技术角度上看，天津、浙江、广东等沿海省份的工业区将成为海水淡化的未来市场。在天津，IDE 合作修建了中国最大的海水淡化厂，造价为 1.19 亿美元，饮用水日产量可以达到 10 万 m^3。

2014 年 10 月 23—26 日，以色列代表参加了中国江苏省宜兴市 2014（第二届）中国环保技术与产业发展推进会及相关活动。

2016 年 4 月，中国代表团参加了 2016 年清洁技术大会，并且会见了以色列环保部总干事及部门专业人士。

2017 年是中以建交 25 周年，建交以来两国在各领域的合作不断深化，尤其是在环保合作领域。3 月双方领导人共同宣布建立创新全面伙伴关系，为两国关系发展指明了方向。

3 月 21 日，以色列环保部长泽埃夫·埃尔金与中方环保部门代表在中以创新合作联合委员会第三次会议之后，签署了开展中以环境合作的谅解备忘录。

4 月 26 日，以色列自然及公园管理局（INPA）与中国国家林业局在以色列环保部长埃尔金的见证下签署了合作议定书，中以将在国家公园与自然保护区建设、野生动植物保护、野生鸟类迁徙等领域共同开展合作。

6月5日，以色列环保部与江苏省环境保护厅在南京签署了谅解备忘录，共同推动中以环境保护合作，此备忘录是3月以色列总理本杰明·内塔尼亚胡访华期间签署的中以环境合作谅解备忘录的补充与具体延伸。

6月8日，陕西中核地矿油气工程有限公司、中核（陕西）环境科技有限公司与以色列 Buvoca 环境工程有限公司签订了战略合作协议。根据协议，双方将在污水处理厂升级改造、固体废物综合处理、环境化学材料与环境工程设备的市场推广、国内环境工程 EPC 项目等方面开展战略合作，并共同组建合资公司。

8月28日，驻以色列大使詹永新会见以色列环保部长埃尔金，就加强中以关系和两国环保合作等交换意见。在此之前，中国与以色列两国在环境保护领域就已经展开了合作与交流。

总之，中以在环境保护领域还有广阔的合作空间。两国环境保护合作机制的构建、环保科技的引进、智库及研究机构的交流等，都是双方长期合作需要探讨的话题。

三、中以环保合作政策建议

21 世纪以来，全球环境问题日益突出，人类的生存环境和前途命运将面临极大的挑战。为了应对全球和区域环境问题以及可持续发展，国际环境合作的战略地位迅速得以提升。学习和借鉴发达国家的环保技术和管理经验成为我国环保事业的重要组成部分。理论和实践经验表明：中以环保合作既可行且必要，符合两国经济发展战略和国家利益。全球、区域和地区环境问题是中以两国政府共同关注的问题，为了确保中以两国环保合作的长效机制，求同存异，双方应建立多层次、多渠道、多领域的合作关系。因此，特从以下四个方面提出政策建议。

（一）在"一带一路"倡议下加强环保合作

为进一步贯彻落实《推动共建丝绸之路经济带和 21 世纪海上丝绸之路的愿景与

行动》《"十三五"生态环境保护规划》和《关于推进绿色"一带一路"建设的指导意见》，加强生态环保合作，发挥生态环保在"一带一路"建设中的服务、支撑和保障作用，共建绿色"一带一路"，2017 年 5 月环境保护部编制《"一带一路"生态环境保护合作规划》。以色列位于亚、非、欧三大洲的交汇处，是连接丝绸之路经济带和21 世纪海上丝绸之路的枢纽。

在此背景下，加强生态环境保护合作，建设绿色"一带一路"顺应了全球发展的总体趋势。从内涵上看，绿色"一带一路"涉及"五通"的各个方面，能够为"一带一路"建设提供切实支撑，为推动区域环保合作注入新的动力：一是作为切入点和润滑剂，增进与沿线国家的政策沟通；二是防控生态环境风险，保障与沿线国家的设施联通；三是提高产能合作的绿色化水平，促进与沿线国家的贸易畅通；四是完善投融资机制，服务与沿线国家的资金融通；五是加强环保国际合作与援助，促进与沿线国家的民心相通。

在政府层面形成良好的合作意愿，并适当投入资源，促进重要环保合作项目取得早期收获。在多边层面，以与相关国际组织合作为平台，形成建设绿色丝绸之路的国际共识。在双边层面，继续强化我国与以色列环保合作机制，与沿线国家的绿色发展及生态环保战略对接。在区域层面，带动更多国家和地区参与绿色"一带一路"建设。

充分利用现有多双边合作机制，深化生态文明和绿色发展理念、法律法规、政策、标准、技术等领域的对话和交流，推动共同制定实施双边、多边、次区域和区域生态环保战略与行动计划。推广环境友好型技术和产品，推动将生态环保作为国家绿色转型新引擎。

建设政府、企业、智库、社会组织和公众共同参与的多元合作平台。推进环保信息共享服务平台建设。合作建设"一带一路"生态环保大数据服务平台，加强生态环境信息共享，提升生态环境风险评估与防范的咨询服务能力，推动生态环保信息产品、技术和服务合作，为绿色"一带一路"建设提供综合环保信息支持与保障。

（二）构建多层次的环境合作机制

1. 建立中以环保合作的多边机制

以色列在国际各大环境组织中十分活跃。在联合国、欧盟及地中海沿岸国家的环境保护中,以色列发起了多项防治与研究计划,在环保领域组建起多边合作技术平台。因此,我国应以整合、集成和利用以色列环保资源实现我国环境绿色发展目标,从战略层面上对以色列环境保护政策和战略走向、重大计划、优势弱势等进行认真研究,结合我国中长期科学和技术发展规划纲要,加强顶层设计和统筹规划,制定以我为主、充分利用以色列环保科技资源。

在多边或区域合作的框架下加强中以环保合作,主要指中以两国在发展国际环保产业和商贸合作的同时,按照多边合作的协议内容,将对方作为具体合作伙伴,结合中以两国实际,加强两国双边合作。采用政府援助和企业投资相结合,大型集团和科研部门共同参与的做法将有助于该机制的推广。以色列大型集团和科研部门共同拥有世界领先的环保技术,参与中国企业的技术改良,实现技术有效转移,不仅可以获得投资回报,回收开发技术使用的巨额科研经费投入,还可以通过在中国推进适用技术,开发新产业和新市场。

2. 促进中以环保合作的双边机制

中国的环保产业作为新兴产业,具有巨大的市场潜力。面对中国环保产业所蕴藏的机遇,以色列政府积极引导本国企业参与合作,与欧、美、日、韩等国家企业竞争。与中方企业合作可以使以方获得相当的市场机会、分享中国环保产业发展带来的收益。因此,中以环保合作的双边机制将以政府为引导以市场化运作为基础。

中以环保产业市场化运作,可以由以方企业提供先进的技术和设备,与中国本地企业合作建厂、投入运营,双方共同持股,等到投资收回并获取相应收益后,可将以方所有权和经营权转让给中方。这一模式主要适于环保产业中的资金密集型项目。污水处理、大气、固体废物治理是最主要的应用领域。城市环保基础设施项目,如污水处理厂、垃圾发电厂等的建设则可以由国企与以方企业进行合作。这是中以环保合作的双赢模式。对以方而言,技术入股具有巨大的利润空间。对中方而言,这不仅可以缓解政府、企业、社会环保资金投入不足的问题,还可以加快环保产业和产品结构的调整和优化,满足环保市场的巨大需求,有效治理环境污染。合资企业在我国生产经营,产生经济效益后,缴纳的税金也将成为环保投入的新来源。以方企业进入所起的示范作用还将带动间接投资。如政府捐款或贷款、国际金融市场贷款等,缓解我国环保资金短缺的困难。

3．推动中以环保的民间合作机制

民间环保组织的活动宗旨、目标、组织形式、成员的组成及其道德信仰都与环境资源问题、环境资源保护以及人与自然的关系有关。在环境保护过程中的"政府失灵"和"市场失灵"使民间环保组织的作用不可或缺。其主要特点为它的非政府、非营利性，这是民间环保组织的基本特征，因为是民间的非政府组织，其在面对环境问题的时候不会服从于高层意愿而放弃其自身追求，它不会因政治因素及其非营利特性，在面对环境问题的时候屈从于经济利益而放弃其环境诉求。

以色列的环保技术具有很强竞争力，而且提供的是一整套的交钥匙工程解决方案，但是价格较为昂贵。中以合作，开展民间多层面交流，可以将以色列先进技术与中国的实际相结合，发展适用环保技术，进而向其他国家推广。以方技术转移可以通过在我国建立合资企业，用先进技术与熟悉市场规则的中国企业合作完成。这种模式适于在烟气脱硫、城市污水处理和环保设备生产等领域展开。其中涉及众多跨行业、跨地区的新兴产业，如环保产品生产、服务、开发、生态保护、清洁产品生产等。在民间发展环保技术合作，包括以多种形式开展技术交流和科研活动。例如，中以企业之间以技术转让的形式进行技术合作；中以两国企业界召开中以环保产业合作会议；科研机构与企业联合，共同进行市场调研；中方人员赴以色列进修或参加以色列在中国举办的环保技术培训活动；以色列专家来华进环保培训并提供环保设施的维修等售后服务指导以及展示招商环境、融通资金渠道、创新产业机制、完善保障功能等具有实效性的经济合作。这虽然强调技术合作，还应该注重学习以色列在环保管理和运营服务中的做法和细节处理方面的经验，这些是保障技术得以有效利用的重要环节。

4．中以环保合作的城市示范机制

城市间中以环保合作机制是在中以两国地方政府间签订框架协议基础上，建立中以环境污染防治合作示范城市。该模式以可持续发展为主要内容，在制定城市环保规划、防治大气污染、实施废物循环利用等方面展开合作，并将合作城市取得的成果作为示范向中国其他城市推广，推动中国城市环境污染防治和环境质量的改善。

这一机制关键在于建立城市的社会化环境管理体系，促进政府部门和企业、市民共同参与环境治理。而参照以色列城市的社会化环境管理体系，结合中国城市发展实践，建立中国特色的社会化环境管理体系，关键是要形成城市的社会化环境管理能力。这样，在外援退出后，仍然可以保证城市有能力进行自我环境治理、解决污染问题。

同时，需要提高企业和居民的环保意识。在以色列，环保意识深入人心，从企业到普通消费者，环保行动表现在生产、生活的各个角落，我国尚未形成以保护环境为荣、污染环境为耻的经营和消费观念。环保意识的提高是城市示范成功运作的关键因素。

（三）加大环保科技的开放与合作力度

当今世界，开放与合作是主流。以色列是世界环境保护科技的重镇，以色列的科技实力雄厚，是全球经济和科技的重要一极，有着众多世界一流的专家学者和优越的科研基础设施。加大我国主要环保科研计划对以色列开放的力度，充分利用以色列的科技资源，对实现我国的科技发展战略和建设创新型国家的目标将起到积极作用。

出台优惠政策鼓励我国企业积极参与中以环保科技合作，使企业成为中以科技合作的主力军。制定鼓励我国企业参加中以科技合作的优惠政策，使企业成为中欧科技合作的主体，提高中以环保科技合作成果的转化率。鼓励有实力的、与以色列有经济和技术合作关系的中国大、中、小型企业，尤其是鼓励我国的民营企业参与到中以科技合作的潮流中来，利用双方的现有合作关系，不断探索在双方科研计划下合作研发的道路。同时，积极促成双方企业在技术标准方面的合作，这种合作不仅有助于以色列的产品进入中国市场，也有利于中国的产品开拓以色列市场。

搭建中以环保科技合作与交流平台，畅通环保科技合作信息通道，推动中以环保科技合作向更高水平、更高层次发展。目前，相关环境治理问题研究会议、环保科技成果展览和环保交流网站等为我国的科研单位参加中以科研计划提供机遇和平台，发挥了积极的作用。为了加大中以环保科技的开放与合作力度，中方需在以下四个方面谋求发展：

1. 提升战略对接的高度

加强创新战略的有效对接，推动以色列"创新国度"的经验、技术同中国实施创新驱动发展战略相融合，打造更多合作增长点。中方将强化知识产权保护，鼓励地方和企业密切与以方的交流，营造更加公平、规范、可预期的发展环境。

2. 拓展务实合作的广度

在持续推进中以常州创新园、东莞中以国际科技合作产业园等建设的同时，支持广东、山东、河南等条件成熟的省市，与以方共建一批特色产业创新园。不断探索新模式新途径，确保合作机制顺畅高效，扩大覆盖面和影响力。

3．加大协同攻关的力度

双方应继续加强前沿性、原创性联合研究，加大联合研发资助力度，共建一批联合实验室、联合研究中心、创新创业孵化器和商贸合作平台，共同开拓全球创新市场，推动科技成果在更大范围转化和共享，更多惠及两国和各国人民。

4．完善环境立法

发达国家存在两种立法模式：一种是"污染预防型"，如美国、加拿大等国将清洁生产纳入污染预防范畴；另一种是"经济循环型"，如德国的《封闭物质循环与废弃物管理法》、日本起草中的《循环型社会基本法》，属于经济法。循环经济立法是治本之途。同时立法体系要完善、立法要有所创新。这一点要借鉴以色列环境立法的先进经验。

（四）推动科研机构及企业之间的交流

近年来，随着中以环保科技合作的加快，我国有越来越多的专家学者赴以色列交流学习，以色列的环保科研人员也受邀来我国传授环保技术和经验。支持和鼓励中以专家学者们积极参与中以双方的科研计划，并发挥他们在中以科技合作中的桥梁作用，特别是通过资金和政策引导他们，推动以方的一流科技人员参与到我国的主要科研计划中来，对提高我国主要科研计划的以色列优秀科技人员的参与度、增强我国科技自主创新能力和提升我国的科技水平具有重要意义。

1．高校科研机构

高等学校是以色列从事基础研究与开发工作的主体，以色列30%的科学研究是在高校完成的。以色列是最早在高校和研究机构建立技术转移机构的国家。技术转化机构（TTO）是以色列高校技术成果转移成功实践的一个重要的因素。目前，各高校的技术转移机构与产业界紧密合作，包括国内和国际，帮助高校的研究成果从实验室转移出来实现商业化。通过环境理论的研讨（与环境有关的国家发展理论及经济理论）以及环境保护、生态重建等方面的技术交流，中以各高校相关的学术机构和科研团队之间开展了合作。学术机构合作的作用体现在：一是为政府进行环境管理提供理论依据。二是为政府进行环境管理提供技术支持。环境保护的工作需要相关科学技术作为标准和手段，而能够向政府提供此类技术支持的唯有相关的科研机构和学术团队。

在荒漠化治理方面，以色列政府形成了一个国家治理荒漠项目委员会，同项目有关的机构如下：

（1）特拉维夫大学：植物基因资源和生物多样性。

（2）耶路撒冷希伯来大学农业、食物和环境质量学院：干旱农业和相关区域的生物科学，水和土地学及生态学的基础和应用研究和推广教育。

（3）以色列理工学院（简称 Techinon）：水资源发展管理和农业机械。

（4）海法大学：植物生态学、遗传学、生物多样性、社会经济学和水文学。

（5）魏茨曼（Weizman）研究所：太阳能、植物遗传学和资源。

（6）巴依兰大学：干旱区土地生物学和农业生物技术。

（7）内盖夫本－古里安大学 Jacob Blaustein 沙漠研究所：沙漠发展的理论和应用研究、教育及培训。

（8）农业部农业区域科学中心：应用研究同国内各地区实际需求的配合。

以色列的技术研发与实际应用紧密结合。以以色列阿拉瓦谷环境研究中心为例，其 75% 的研究题目来自当地农民的实际需求。科研成果再立即反馈到生产实践中，减少了很多中间环节。

2. 智库

以色列是西亚北非地区智库数量最多的国家，其智库的成熟程度与影响力不仅在该地区独树一帜，而且在世界范围内也有一定的知名度。以色列智库已经成为基本社会服务的提供者、政策改革的倡导者、社区变革的催化剂、政府的监管机构。智库作为连接学术界、政府以及公众的桥梁，为消除知识与权力的差距做出了重要贡献。智库通过开设课程、传播知识，培养学术梯队。以色列智库在回应民众关切、发挥自身作用、保持独立立场、广纳社会资金等方面的成熟经验为我国的新型智库建设提供了宝贵经验。

以色列的环境问题智库有：阿拉瓦环境研究中心（Arava Institute for Environment Studies，http：//arava.org/，1996）和赫舍尔可持续发展中心（Heschel Sustainability Center，http：//heschel.wix.com，1999）。根据《全球智库报告 2014》，阿拉瓦环境研究中心、赫舍尔可持续发展中心入选全球环境问题智库 65 强。其他致力于环境保护的智库有以色列—巴勒斯坦创新地区倡议机构（Israel‐Palestine：Creative Regional

Initiatives，http：//ipcri.org，1988），以色列国家安全研究所（The Institute for National Security Studies，http：//www.inss.org.il，1978）也担任着中国研究项目。

上述智库通过交流合作，构建生态环保合作智力支撑体系，提高智库在战略制定、政策对接、投资咨询服务等方面的参与度。智库与政府部门、智库与企业以及智库与环保社会组织之间的生态环保合作，有利于提升科研机构、智库联合构建科学研究和技术研发平台的水平。例如，智库为环保社会组织开展的公益服务、合作研究、交流访问、科技合作、论坛展会等多种形式的民间交往搭建了平台，并提供政策指导。

3. 环境科技公司

以色列国家水务集团（Mekorot）是一家实力雄厚的国有企业，集团成立于1937年，拥有丰富的经验和技术积累，供给全国80%的饮用水和70%的农业用水。

米亚集团（MIYA）米亚公司拥有全球最先进的饮用水解决方案，成功项目遍及以色列、巴西、菲律宾等多个国家。

以色列 IDE 海水淡化技术有限公司，成立于1965年，一直致力于开发先进的海水淡化技术，在世界各地从事开发、设计、制造、安装和运行海水和苦咸水的淡化项目超过370多个。

耐特菲姆公司（Netafim）是滴灌技术的创始者，是智能滴灌和微灌解决方案的全球领导者，是世界上最大的灌溉系统和现代农业系统公司之一。

崔泰克（Treatec21）是一家拥有多段生物系统相关技术及整体解决方案，采用不同结构的多段生物系统（MSBS）处理各种废水的以色列公司。

智能化种植（Growing Smart）是一家服务于农业项目发展规划和技术咨询的国际型公司。

奥法（OFRA）的人工湿地技术处于以色列领先地位。奥法公司在世界各地建造了数百个水系统，主要从事废水、河流、湖泊和人工池塘的设计和管理工作。

Growponics 是旋转水培蔬菜工厂的技术和温室设计公司，在含有适当矿物质的水中配制作物而不使用土壤，是成本最低、最洁净、最有利于环境，同时也是生长最快、最安全的蔬菜水果种植方法。

4. 跨国公司

在外交政策专家塞诺和辛格所著的畅销书《创业的国度：以色列经济奇迹的启示》中指出，"在这个世界上，如果你想找到创新的关键所在，以色列是最值得去的一个地方。要弄清楚以色列创业的动力源自何处，去往何处，如何使其长期保持下去，就要了解以色列的创新创业生态体系。"

以色列国土面积狭小，资源匮乏，战火不断，却创造了科技强国的奇迹，这是多方面因素共同作用的结果，但很大程度上应归功于以色列在科技研发与成果转化的过程中广泛而深入的国际合作。因此，这样一个蕞尔小国却以其科技实力参与到世界顶尖企业的技术发展中去。以色列的高科技产业可以形象地描绘为"两头在外"，这些企业一般只为全球顶尖的公司提供尖端的科技服务，把产品市场和规模化生产置于以色列之外，而只牢牢占据科技研发的关键环节。跨国公司在以色列也异常活跃，主要表现为与以色列本土高科技企业共同研发和设立研发中心两种模式。跨国公司是以色列本土企业开展国际合作的重要对象，合作的一般模式是以色列政府通过首席科学家办公室最多提供研发所需的一半资金，资助以色列小型科技公司和跨国企业共同研发。以色列将国民生产总值的 4.8%投入到研发上，是世界上研发投资比例最大的国家。以色列重视科技研发和成果转化，以及国际合作的成功经验对我国有着重要的借鉴意义和启示。我国应放眼全球，积极探索适合本国国情的技术研发与成果转化模式，通过全面的国际合作，充分利用国际资源，融入到全人类科技发展的机遇中去。

参考文献

[1]　雷钰，黄民兴，等. 以色列[M]. 北京：社会科学文献出版社，2015.

[2]　http：//www.sviva.gov.il/English/Indicators/Pages/Sea.aspx.

[3]　http：//www.sviva.gov.il/English/env_topics/IndustryAndBusinessLicensing/Haifa-Bay-Industrial-Zone/Pages/Sea-and-Port-in-Haifa-Bay.aspx.

[4]　http：//www.sviva.gov.il/English/env_topics/AirQuality/Pages/ExternalCostsofAirPollution.aspx.

[5]　http：//www.sviva.gov.il/English/Pages/HomePage.aspx.

[6]　http：//cn.timesofisrael.com/%E4%BB%A5%E8%89%B2%E5%88%97%E7%8E%AF%E4%BF%9D%E9%83%A8%E5%B0%86%E5%85%B3%E5%81%9C%E6%B5%B7%E6%B3%95%E6%B0%A8%E5%82%A8%E8%93%84%E8%AE%BE%E5%A4%87/.

[7]　http：//www.sviva.gov.il/English/ResourcesandServices/NewsAndEvents/NewsAndMessageDover/

Pages/2017/07-July/Following-Indictments-Filed-by-MoEP-Court-Fines-3-Ships-NIS-278K-for-Cont aminating-Sea.aspx.

[8]　http：//www.sviva.gov.il/English/ResourcesandServices/NewsAndEvents/NewsAndMessageDover/ Pages/2017/07-July/Environmental-Impact-Index-2016.aspx.

[9]　http：//www.sviva.gov.il/English/ResourcesandServices/NewsAndEvents/NewsAndMessageDover/ Pages/2017/07-July/Dozens-of-Companies-Recognized-for-Greenhouse-Gas-Reporting-.aspx.

[10]　http：//aqicn.org/map/israel/cn/#@g/32.0479/34.59393/8z.

第二篇

以色列环保
相关法律法规

一、水法①

（希伯来历 5719 年，公历 1959 年）

第一章　序言

水源及其用途

1. 以色列的各类水源均属于公共财产，由国家管制，旨在满足民众和国家发展的需求。

水源的定义

2. 在本《水法》中，水源是指泉水、溪流、江河、湖泊及其他水流和水库——无论是地上还是地下水源，无论是否属于自然、是否受管控或已开发的水源，无论水体是涌流、流动或静止的，亦无论水源是永久性的还是间歇性的（包括排水和污水）。

个人的用水权

3. 根据本《水法》的规定，任何个人均有权取水和用水。

土地与水之间的联系

4. 任何人所拥有的土地权并不意味着其对位于该土地上、流经该土地或其边界处的水源拥有任何权利，但本节规定并不损害第 3 节规定的任何个人权利。

严禁耗竭水源

5. 只要其取水行为不会导致水源的盐化和枯竭，任何个人均有权从水源取水和

---

① 第二篇由张扬编译整理。

用水。

权力与用途之间的联系

6. 任何水权均与下列水的用途相关；水的用途停止时，即失去相关的水权；水的各项用途如下：

1）民用；

2）农业；

3）工业；

4）劳动、贸易和服务；

5）公共服务；

（第19号修正案）（希伯来历5764年，公历2004年）

6）保护和恢复自然和景观价值，包括泉水、河流和湿地（在本法中，称之为"自然和景观价值"）。

适用性

7. 在本法中，无论是通过法律（包括本法）、协议、惯例还是任何其他方式规定的水权，以及无论是在本法生效之前或之后所规定的水权，均无任何实质性影响。

第二章 用水规定

第A条 水源保护

定义

8. 在本章中

"耗竭水源"包括水位下降（不论是地表水还是地下水）、地下取水量减少或者调水能力的降低。

（第5号修正案）（希伯来历5732年，公历1971年）

"水污染"（略）

水资源保护规定

9. 每个人都必须

1）以有效而且经济的方式利用其取得的水。

（第5号修正案）（希伯来历5732年，公历1971年）

2）维持水设施的良好状态，防止水的浪费。

（第 5 号修正案）（希伯来历 5732 年，公历 1971 年）

3）防止水源堵塞和枯竭。

（第 5 号修正案）（希伯来历 5732 年，公历 1971 年）

4）防止引水水源堵塞和枯竭。

（第 5 号修正案）（希伯来历 5732 年，公历 1971 年）

10．（废止）

国家水务局局长的权力

（第 22 号修正案）（希伯来历 5766 年，公历 2006 年）

11．若按照本《水法》第 124S 节的规定任命的国家水务和污水管理局局长（以下简称"国家水务局局长"）发现有任何不符合第 9 节任何条款的情况，则其有权：

1）命令有义务遵守本条款规定的任何责任人按照命令进行整改；若责任人未能在合理的期限内按照命令采取必要的整改措施，国家水务局局长有权根据情况发布命令，以中止或减少有关水的生产、供应和消费，直到上述情况整改合格。

2）如果采取其他方式无法防止对水源的破坏，则可采取措施避免对水源造成直接严重破坏。

费用开支

（第 22 号修正案）（希伯来历 5766 年，公历 2006 年）

12．国家水务局局长有权发布命令，要求第 9 节条款所述的责任人缴纳第 11 节所述措施产生的费用。若国家水务局局长发布此类命令，则上述费用应按照《税收条例（征收）》的规定（第 12 节除外）作为税款予以征收。

上诉

13．任何人若认为第 11 节所述的命令或第 12 节所述的费用损害了其个人利益，则可向按照第 140 节规定设立的法院（以下简称"法院"）上诉。上诉期间不得中断命令的执行，除非法院要求中断执行。但在法院对上诉做出判决前，不得征收第 12 节所述的费用。

保护带的范围

（第 22 号修正案）（希伯来历 5766 年，公历 2006 年）

14. 国家水务委员会有权制定保护带的宽度、面积等方面的规定。在这种情况下，国家水务局局长不得在此类规定的适用范围内划定保护带，亦不得在该保护带确定的用途之外划定非必要的保护带。

保护带的划定

（第 22 号修正案）（希伯来历 5766 年，公历 2006 年）

15. 若国家水务局局长认为有必要划定保护带，以便对水、水源、水厂、供水、蓄水或输水设施进行保护，则其有权发布命令在水源或设施的周围划定保护带；未经国家水务局局长许可的人士或不符合许可条件者禁止进入或穿过保护带。

上诉

（第 22 号修正案）（希伯来历 5766 年，公历 2006 年）

16. 凡认定自身因保护区的划定、国家水务局局长拒绝向其颁发第 15 节所述的许可证或许可证条件而受到损害者，均有权向法院上诉。

准入、检查等权力

（第 22 号修正案）（希伯来历 5766 年，公历 2006 年）

17. 国家水务局局长或经其书面授权的任何人员，在提前向场所所有人发出书面通知后，有权进入任何场所开展监测水源和保护水体所需的任何工作；同时还有权探查水源，测定其产水量和特性，调查土壤、植被和当地条件，进而确定耗水量。

赔偿

（第 22 号修正案）（希伯来历 5766 年，公历 2006 年）

18. 凡因划定保护带或因第 17 节所述的行动而遭受损失的，均有权享受国家财政部给予的赔偿，由国家水务委员会确定赔偿资格、赔偿费用和支付条件；若当事人未能根据上述规定获得赔偿，则有权向法院上述。

水损害事件

（第 22 号修正案）（希伯来历 5766 年，公历 2006 年）

18A.

a）在本节中

"水损害事件"是指正在导致或可能导致饮用水的供应、水质或饮用水的水源及水务设施的预期供水能力出现实质性损害的事件。

"水基础设施"——如第 35A（a）节的定义。

b）国家水务局局长有权宣布水损害事件，并在宣布后命令相关责任人采取一切必要的措施处理该事件，制止水损害事件，将水资源恢复至受损前的状态，防止该水损害事件再次发生，并根据命令中规定的条件在一段时期内为受该事件影响的用户安排供水；所有事宜均应遵守第（c）小节的规定。

c）国家水务委员会应制定相关的规则，以确定宣布水损害事件的条件，处理此类事件的方法，防止及制止水损害事件、将水资源恢复至受损前的状态、防止该水损害事件再次发生的方法，以及为受该事件影响的用户安排供水的方案。

d）若第（b）小节所述命令的执行人未能在命令规定的时间内执行命令的要求，则国家水务局局长有权安排（其他人）执行该命令的要求，并由命令的原执行人承担相应的费用；《税收条例（征收）》适用于本小节所述费用的征收，第 12 节除外。

e）本节条款的规定不得妨碍根据第 A1 条和《有害物质法》（希伯来历 5753 年，公历 1993 年）的规定授予环保部部长的权力。

f）本节条款的规定并非将根据 1940 年《公共卫生条例》已授权其他机构的权力授予国家水务委员会。

耗尽水源（第 22 号修正案）

（希伯来历 5766 年，公历 2006 年）

19.

a）若国家水务局局长认为某个水源即将耗尽，产水量低于正常产量，已不足以维持正常供水量，则国家水务局局长有权根据国家水务委员会制定的规定，命令水生产单位减少利用该水源的水产量，或要求对产量进行调整，或采取其认为合理的应急措施来确保此类情况下的供水。

（第 22 号修正案）

（希伯来历 5766 年，公历 2006 年）

b）（废止）

（第 22 号修正案）

（希伯来历 5766 年，公历 2006 年）

c）如上述命令未能在规定的合理时间段执行，则国家水务局局长有权在发出书面警告后，采取其权力范围内的必要措施，并随后向命令的执行人收取由此产生的费用。《税收条例（征收）》适用于本小节所述的相关费用的征收，第 12 节除外。

未使用的水管

（第 22 号修正案）

（希伯来历 5766 年，公历 2006 年）

20. 若国家水务局局长认为供应商或生产商的水源已经耗尽，或者因水源的使用方式或安装设备受损，不足以维持正常供水量，则国家水务局局长有权要求业主安装当前未使用的管道、水渠或其他输水设备，以便将水输送至上述供应商或生产商，或供应商的客户；如当事各方未能就水量、输水条件和相关费用等事项达成协议，则此类事项应由国家水务局局长确定。

（第 5 号修正案）

（希伯来历 5732 年，公历 1971 年）

第 A1 条　水污染防治

定义

20A. 在本条中

"水污染"是指水源内水的物理、化学、生物、细菌、放射性或其他性质发生变化，或发生可能导致水危及公众健康，或危害动物群落或植被，或不再适合既定用途或预期用途的变化。

"水源"的含义与第 2 节所指含义相同，包括开放式或封闭式水管、水库和排水渠。

"污染因素"是指其地点、施工、运行、维护或使用会导致或可能导致水污染的工业设备、农业设备、以色列《规划与建筑法》（希伯来历 5725 年，公历 1965 年）中规定的建筑物、设施（包括污水处理设施）、机械或车辆。

（第 7 号修正案）

（希伯来历 5751 年，公历 1991 年）

"第 A1 条"还包括据此制定的条例及颁布的命令。

禁止水污染

（第 5 号修正案）

（希伯来历 5732 年，公历 1971 年）

20B.

a）任何人均必须极力避免导致或可能导致水污染的任何行为，包括直接或间接、即时或事后导致水污染；无论水源在该行为之前是否已经被污染，均无实质性影响。

b）任何人均不得将任何液体、固体或气体物质投入或排入水源或其附近区域，亦不得将此类物质置于水源或其附近区域。

预防水利设施水污染

（第 5 号修正案）

（希伯来历 5732 年，公历 1971 年）

20C.凡拥有水生产设施、供应设施、运输设施、储存设施或排入下层土设施者，必须采取一切必要的措施预防此类设施或其运行过程造成水污染。

水污染防治条例

（第 5 号修正案）

（希伯来历 5732 年，公历 1971 年）

（第 7 号修正案）

（希伯来历 5751 年，公历 1991 年）

（第 22 号修正案）

（希伯来历 5766 年，公历 2006 年）

20D.

a）为了预防水污染和保护水资源，环保部部长可在与国家水务委员会协商后，制定针对以下内容的限制、禁止、条件和其他条款的规定

1）具体规定污染因素的位置和确定标准；这些规定需要经过以色列议会经济事务委员会的批准。

2）在污染因素的生产、操作和使用过程中使用某些物质或某些方法，其中包括农业耕作过程、施肥和喷雾；此类规定应在与卫生部部长协商后制定。

3）某些物质和产品的生产、进口、分销和营销；此类规定应在与工商部长协商后制定，并事先提交给以色列议会经济事务委员会。

4）运输车辆在水源处或其附近区域行驶、保管和使用的规定；此类规定应在与交通运输部部长协商后制定。

b）本节所述的规定不得减损第 20B 和 20C 节规定的义务。

污染因素的污水处理

（第 5 号修正案）

（希伯来历 5732 年，公历 1971 年）

（第 22 号修正案）

（希伯来历 5766 年，公历 2006 年）

20E.

a）凡拥有污染因素者，在操作或使用此类污染因素时，需要从其中将污染物清除，有关当事人必须遵照国家水务局局长的命令提交一份计划供审批，该计划应具体说明污水处理方法、污水的质量和数量、污水的化学、物理和生物成分以及国家水务局局长要求的其他事项；国家水务局局长有权不批准该计划，或对其进行修改，或规定其认为合适的条件。

（第 22 号修正案）

（希伯来历 5766 年，公历 2006 年）

b）若某当事人被命令提交一份第（a）小节所述的污水处理计划，则在计划获得批准之前不得进行污水处理，但国家水务局局长有权下达临时污水处理指示，直至该项计划获得批准。

c）在污水处理计划获得批准后，则只能按照已批准的计划处理污水。

（第 22 号修正案）（希伯来历 5766 年，公历 2006 年）

d）若当事人被命令提交上述第（a）小节所述的计划，而当事人未在命令规定的时间内提交计划，或当事人的计划未获得批准，或当事人未执行计划的更改事项，或当事人不遵守该计划规定的条件，则国家水务局局长有权为其制订一份污水处理计划，并由命令的执行人承担制订计划相关的费用；《税收条例（征收）》适用于此类费用的征收，第 12 节除外。

（第 22 号修正案）

（希伯来历 5766 年，公历 2006 年）

e）自要求提交计划、执行计划的更改事项或履行计划规定的条件之日起一个月后，国家水务局局长方可行使第（d）小节所赋予的权力。

（第 22 号修正案）

（希伯来历 5766 年，公历 2006 年）

f）若国家水务局局长为当事人制订了第（b）小节所述的计划，则当事人除了按照已制订计划的要求处理污水外，不得以其他方式处理污水中的污染因素。

（第 22 号修正案）

（希伯来历 5766 年，公历 2006 年）

g）国家水务局局长在行使本节所赋予的权力时，应与卫生部部长授权人员进行初步磋商。

水污染防治条件

（第 5 号修正案）

（希伯来历 5732 年，公历 1971 年）

（第 7 号修正案）

（希伯来历 5751 年，公历 1991 年）

（第 22 号修正案）

（希伯来历 5766 年，公历 2006 年）

20F. 环保部部长或国家水务局局长（视情况而定）有权根据本法或《排水防洪法》（希伯来历 5718 年，公历 1957 年）制定水污染防治规定，以据此批准或颁发执照和许可证。

补救措施

（第 5 号修正案）

（希伯来历 5732 年，公历 1971 年）

（第 22 号修正案）

（希伯来历 5766 年，公历 2006 年）

20G.

a）若国家水务局局长认为当事人造成了水污染，则有权命令造成污染的当事人采取一切必要的措施制止水污染，将条件恢复至污染前的状态，并杜绝此类水污染再次发生；所有相关事项应在命令中列明。

（第 22 号修正案）

（希伯来历 5766 年，公历 2006 年）

（第 25 号修正案）

（希伯来历 5768 年，公历 2008 年）

b）若第（a）小节所述的命令未能在命令指定的合理时限内完成，则国家水务局局长有权自行安排实施命令中规定的各项措施；未能执行命令的当事人应承担就此产生的双倍费用；《税收条例（征收）》适用于此类费用的征收，第 12 节除外。

断水令

（第 5 号修正案）

（希伯来历 5732 年，公历 1971 年）

（第 22 号修正案）

（希伯来历 5766 年，公历 2006 年）

20H.

a）对于造成水污染，或不执行本节条款所述的指示，或违反上述条款任何规定或命令的当事人，国家水务局局长有权在发出警告后，命令该当事人中断或减少水生产量、水供应量、水消费量或配水量（以下统称为"断水令"），但应保证饮用水供给。

（第 22 号修正案）

（希伯来历 5766 年，公历 2006 年）

b）只要污染情况尚未停止，条件尚未恢复至污染前的状态，尚未采取措施防止污染情况再次发生，则断水令应持续有效；但如果命令的执行人正在采取一切必要的措施制止水污染，将条件恢复至污染前的状态，防止污染情况再次发生，或者命令的执行人能够提供可信的担保证明其能够在合理的时间内完成上述工作，则国家水务局局长有权有条件或无条件地撤销断水令。

（第 22 号修正案）

（希伯来历 5766 年，公历 2006 年）

c）若断水令可能损害命令涉及供水机构用户的利益，则国家水务局局长应在颁布断水令之前，根据实际情况在断水令有效期内为此类用户安排适当的供水。

特殊情况下的断水令

（第 5 号修正案）

（希伯来历 5732 年，公历 1971 年）

（第 22 号修正案）

（希伯来历 5766 年，公历 2006 年）

20I. 若国家水务局局长发现水污染产生的原因非人力所能控制，或者存在出现此类污染的风险，而且该情况特别需要颁布断水令，则国家水务局局长在颁布断水令之前，应尽可能根据实际情况确保因断水令导致中止或减少供水的用户在断水令有效期内的正常供水。

应急权力（第 5 号修正案）

（希伯来历 5732 年，公历 1971 年）

（第 22 号修正案）

（希伯来历 5766 年，公历 2006 年）

20J. 若国家水务局局长确信已经发生或很可能发生严重的水污染，并且特别需要立即中止或减少特定水源的水生产、供应和消费，则国家水务局局长有权根据实际情况采取其认为适当的一切措施，以制止或防止水污染或水污染造成的后果；在此情况下，国家水务局局长有权采取必要的强制手段来应对此问题。

授权令（修订第 5 号）

（希伯来历 5732 年，公历 1971 年）

（第 22 号修正案）

（希伯来历 5766 年，公历 2006 年）

20K.

a）如果国家水务局局长在与卫生部部长授权人员协商后，确认以下事项之一：

（第 22 号修正案）

（希伯来历 5766 年，公历 2006 年）

1）采取特定做法来对水进行改良、提升水质、消毒、稀释、防止对公众产生危害或达到类似效果，或者根据国家水务局局长事先批准的目的在水中加入物质；

2）为了应对实际情况，除了在规定的特定期限内将废水排入特定的水源之外，没有任何其他选择。

（第 22 号修正案）

（希伯来历 5766 年，公历 2006 年）

只要符合国家水务局局长颁发的相应授权令，则根据该授权令采取的行动或污水处理措施不应视为本条所述的水污染。

（第 22 号修正案）

（希伯来历 5766 年，公历 2006 年）

b）国家水务局局长有权在发布授权令之时或之后在授权令中规定一些条件、限制或限定，在此情况下，命令的执行人应有义务按照命令规定的条件、限制或限定采取行动。

（第 22 号修正案）

（希伯来历 5766 年，公历 2006 年）

c）按照第（a）（2）小节规定颁发的授权令应针对个人，并且具有合理的理由，授权令的有效期为一年，但国家水务局局长有权根据特定的理由适当延长授权令的有效期。

（第 22 号修正案）

（希伯来历 5766 年，公历 2006 年）

d）如果污染情况已经发生变化，或国家水务局局长认为公众利益要求这样做，或国家水务局局长认为违反了授权令或其条件、限制或限定，则国家水务局局长有权在与卫生部部长授权的人员协商后，撤销该授权令，或更改授权令的条件、限制或限定。

（第 22 号修正案）

（希伯来历 5766 年，公历 2006 年）

e）国家水务局局长应按照以色列议会经济事务委员会规定的时间频率向委员会上报其颁发的授权令，但应至少每年一次。

（第 22 号修正案）

（希伯来历 5766 年，公历 2006 年）

f）国家水务局局长颁发的授权令应可供免费公开查阅。

授权

（第 5 号修正案）

（希伯来历 5732 年，公历 1971 年）

（第 7 号修正案）

（希伯来历 5751 年，公历 1991 年）

（第 14 号修正案）

（希伯来历 5761 年，公历 2001 年）

（第 22 号修正案）

（希伯来历 5766 年，公历 2006 年）

20L.

a）环保部部长或国家水务局局长（视情况而定）有权根据本条或其中部分的规定将相应权利（但制定具有法律效力的管理规定、停水令和授权令除外）授予水务机构、排水机构、地方机构、城镇协会或公司（定义见《水资源和污水处理公司法》，希伯来历 5761 年，公历 2001 年），本节中简称"主管机构"，以防止其管辖范围内发生水污染。

b）如果第（a）小节所述的主管机构需要共同防止其管辖范围内发生水污染，则其可成立一个联合会，授权该联合会防止上述主管机构管辖范围内发生水污染。

（第 14 号修正案）

（希伯来历 5761 年，公历 2001 年）

c）第（a）或（b）小节所述的授权应获得被授权机构的同意，如果被授权的对象是地方机构、城镇协会或公司（定义见《水资源和污水处理公司法》，希伯来历 5761 年，公历 2001 年）或第（b）小节所述的主管机构联合会（包含地方机构或城镇协会），则还需征得内政部部长的同意。

（第 7 号修正案）

（希伯来历 5751 年，公历 1991 年）

（第 22 号修正案）

（希伯来历 5766 年，公历 2006 年）

d）在按照第（a）或（b）小节的规定授权时，环保部部长或国家水务局局长（视情况而定）应以发布命令的形式确认上述授权。

e）如果将部分权力授予第（a）小节所述的机构或第（b）小节所述的主管机构联合会，尽管本法或其他法律规定了任何限制，该机构或机构联合会也应具有行使该授权的权力。

关于水质的规定

（第 5 号修正案）

（希伯来历 5732 年，公历 1971 年）

（第 7 号修正案）

（希伯来历 5751 年，公历 1991 年）

（第 22 号修正案）

（希伯来历 5766 年，公历 2006 年）

20M.

a）环保部部长在与国家水务委员会协商后，有权制定各方面用水水质的管理规定，包括洪水和污水，但不包括饮用水的卫生标准（定义见 1940 年《公共卫生条例》第一部分）。

b）第（a）小节所述的管理规定若与公共卫生相关，则应在与卫生部部长协商后发布。

（第 22 号修正案）

（希伯来历 5766 年，公历 2006 年）

c）在第（a）小节所述管理规定发布后，国家水务局局长不得允许按照上述规定生产、供应或消费的水用作其他目的和用途，国家水务局局长有权禁止生产、供应或消费不符合规定的水，或者更改水的用途（如果适用于该用途）。

补充义务

（第 5 号修正案）

（希伯来历 5732 年，公历 1971 年）

20N. 本条规定应视为对其他水污染相关法律规定的补充，不得减损其他水污染相关法律规定的效力。

一般命令和特殊命令

（第 5 号修正案）

（希伯来历 5732 年，公历 1971 年）

20O. 除非本条款另有明确规定，否则根据本条规定发布的命令可以是一般命令，或针对某个人或某类人的命令，或针对某个污染因素或某类污染因素或某个污染因素特定部分的命令。

适用范围

（第 5 号修正案）

（希伯来历 5732 年，公历 1971 年）

20P. 本条所述的规定和命令适用于以色列全国或该规定或命令规定的所有部分地区或特定水源；如颁布的命令只适用于以色列的部分地区，则应提前通知以色列议会经济事务委员会。

饮用水相关的行动

（第 5 号修正案）

（希伯来历 5732 年，公历 1971 年）

20Q. 本节的各条规定不得减损 1940 年《公共卫生条例》第 1 部分关于饮用水方面的条款规定。

上诉权

（第 5 号修正案）

（希伯来历 5732 年，公历 1971 年）

（第 7 号修正案）

（希伯来历 5751 年，公历 1991 年）

（第 22 号修正案）

（希伯来历 5766 年，公历 2006 年）

20R.

a）凡认定自身因环保部部长或国家水务局局长按本节条款规定行使权力而受到损失者，或因其拒绝行使上述权力，或因行使授予某一主管机构或城镇联合会的权力（与第 20L 条所指意义相同），或因拒绝行使上述某一权力而造成损失者，均有权从行使或拒绝行使某项权力之日起二十一（21）天内，就此事向法院上诉。

b）按照本节规定提起上诉时不得推迟执行上诉相关的行动，除非法院命令推迟；然而，如按照本节条款的规定征收费用，则可推迟至法院对上诉事项做出裁决，并根据裁决结果决定是否征收费用。

c）第（b）小节的规定不妨碍第 153 节的规定。

过渡期

（第 5 号修正案）

（希伯来历 5732 年，公历 1971 年）

（第 7 号修正案）

（希伯来历 5751 年，公历 1991 年）

（第 22 号修正案）

（希伯来历 5766 年，公历 2006 年）

20S.

a）在按照本节规定行使权力时，环保部部长或国家水务局局长（视情况而定）有权根据实际情况确定其认为必要的期限，以便当事人（包括在其范围内有污染因素的当事人）调整防治措施，或将其范围内的污染因素改善至符合本节条款规定的条件。

b）第（a）小节所述的期限不得超过本条生效之日起六个月。

报告义务

（第 5 号修正案）

（希伯来历 5732 年，公历 1971 年）

（第 22 号修正案）

（希伯来历 5766 年，公历 2006 年）

20T. 国家水务局局长应向以色列议会经济事务委员会提交年度报告，说明水污染情况以及为防治水污染而采取的措施。

第 A1 条事项相关的处罚

（第 7 号修正案）

（希伯来历 5751 年，公历 1991 年）

2002 年第 5763 号命令（第 25 号修正案）

（希伯来历 5768 年，公历 2008 年）

20U.

a）凡违反第 A1 节任一条款规定者，应处以一年监禁，或 35 万新谢克尔罚款；若在环保部部长授权人员发出书面警告后，继续违反规定的，则每违规一天，处以七天监禁及额外 2.32 万新谢克尔罚款，并以警告发布之日为准。

（第 25 号修正案）

（希伯来历 5768 年，公历 2008 年）

b）本节所述的违法行为属于严格责任犯罪。

（第 25 号修正案）

（希伯来历 5768 年，公历 2008 年）

c）凡严重违反上述第（a）小节规定或情节严重者，并导致或可能导致环境受到破坏或实质性危害，一经定罪，则应处以三年监禁，或法院根据本节条款规定处以两倍的罚款；若犯罪行为是由企业实施的，则法院根据本节条款规定处以四倍的罚款。

（第 25 号修正案）

（希伯来历 5768 年，公历 2008 年）

d）

1）凡违反上述第（a）或（c）小节规定并为其本身或他人获得利益或利润者，法院除了处以任何其他罚款外，还有权根据其所获得的利益或利润处以一定数额的罚款。

2）在本小节中，"利益"包括节省的支出。

3）本小节的规定不得妨碍《刑法》（希伯来历 5737 年，公历 1977 年）第 63 节的规定。

企业工作人员的责任

（第 7 号修正案）

（希伯来历 5751 年，公历 1991 年）

20V. 若第 20U 节所述的违法行为是由企业实施的，则违法行为实施时该企业的相关在任经理、合伙人（有限合伙人除外）或高级雇员应一并予以起诉，除非其能够证明其对违法行为不知情，并采取了一切合理的措施防止或制止这一违法行为。

法院的权力

（第 7 号修正案）

（希伯来历 5751 年，公历 1991 年）

20W.

a）若怀疑出现第 20U 条所指的违法行为，法院可在公诉人提出要求时，甚至在提交起诉书之前，根据实际情况对造成水污染的嫌疑人或被告颁布临时命令，以防止、制止或减少水污染；在第（a）～（d）小节中，"法院"是指授权审理违法行为的法院。

b）法院在颁布第（a）小节所述的命令之前，必须给予嫌疑人或被告辩护的机会；若嫌疑人或被告在被依法传讯后，未能根据命令的要求出席听证会，则法院有权做出缺席判决。

（第 25 号修正案）

（希伯来历 5768 年，公历 2008 年）

c）按照第（a）小节规定发布命令的有效期以法院的判决期限为准，有效期可一直持续到诉讼结束；若该命令是在提交起诉书之前发布的，则有效期将从其发布之日起 30 天内结束，在此期限内提交起诉书的情况除外。

d）若发现了新证据，或有关情况发生了变化，并且可能导致法院更改先前的裁决，则嫌疑人、被告和公诉人有权要求法院重新审议其根据第（a）小节做出的判决。

e）嫌疑人、被告和公诉人均有权对法院根据第（a）小节做出的判决提起上诉，或者要求对法院做出的判决申请复审；上诉法院应指定一名法官审理上诉请求。

f）复审或上诉申请应采用书面形式提交，内容应包含主要论点概述，并应附上该案件先前判决的副本。

g）在复审或上诉期间，法院有权维持、更改或撤销上诉案件先前的判决，或重新裁决。

h）在本节中

"命令"是指强制性命令或禁止令。

"公诉人"

1）参见《刑事诉讼法》（[合并版本]希伯来历 5742 年，公历 1982 年）第 12 节的定义；

2）第 20Y 节中所述的、提起诉讼的原告。

费用与清理

（第 7 号修正案）

（希伯来历 5751 年，公历 1991 年）

20X. 法院对第 20U 节所述的违法者定罪后，除了处以任何其他处罚外，还有权在判决中规定违法者的义务：

1）若违法者向法院提交了支付相关费用的申请，则应支付用于清理水资源及违法行为造成的任何污染所需的费用；若违法者不止一个人，法院可根据案件的实际情况，判决由所有或部分违法者共同或单独支付费用，或由违法者分摊费用。

2）采取必要措施，以便

（a）制止、减少或预防水污染的持续发展；

（b）清理水资源及违法行为造成的任何污染；

（c）将条件恢复至之前的状态。

起诉

（第 7 号修正案）

（希伯来历 5751 年，公历 1991 年）

20Y.

a）按照《刑事诉讼法》（[合并版本]希伯来历 5742 年，公历 1982 年）第 68 节的规定，下述任一人员均有权起诉第 Al 节所述的违法行为：

1）违法行为的直接受害者。

2）违法行为所在地区的地方主管机构。

（第 10 号修正案）

（希伯来历 5755 年，公历 1995 年）

（第 24 号修正案）

（希伯来历 5767 年，公历 2007 年）

3）附录一所述的公共和专业机构——针对本节条款下的任何违法行为；环保部部长有权在与司法部部长协商，并经过以色列议会经济事务委员会的批准后，修改附录一。

b）若原告提前将其诉讼意图告知环保部部长，且检察总长未在该通知发出后六十日内提交起诉书，则该原告有权根据第（a）小节的规定提起诉讼。

对国家的适用性

（第 7 号修正案）

（希伯来历 5751 年，公历 1991 年）

20Z. 第 1A 条适用于以色列。

二、饮用水和饮用水设施卫生质量标准

基于 1940 年《公共健康条例》（以下简称为《条例》）第 52B 节和第 62B（b）节赋予的权力，按照《条例》第 52B（a）（5）节之规定与农业和农村发展部部长协商后，同时按照 1968 年《商业许可法》第 10（a）节之规定与环保部部长协商后，经以色列议会内务环保委员会根据《基本法：以色列议会》第 21A（a）节和 1977 年《刑法》第 2（b）节之规定批准后，特制定本标准：

第 A 章　目的、定义和供应商义务

目的

　　1　本标准旨在制定较高的饮用水卫生质量标准，制定关于饮用水水源、水生产设施和配水系统相关问题的条件和规定，制定水处理和水质量控制相关规定，制定报告和宣传要求等，并按照本标准规定相应的义务和指示，进而对公共健康加以保护。

定义

（按原文件术语的希伯来语字母顺序排列）

　　2　在本标准中：

　　"检测"——认可实验室采用官员在书册中确定的检测方法、EPA 方法或其他方法进行的饮用水分析；

　　"化学检测"——以发现和量化本标准附录 1、2、5 或 6 中描述的一种或多种元素为目的的分析；

　　"微生物检测"——以发现和计量大肠菌群为目的的分析；

　　"全面微生物检测"——以发现和计量大肠菌群、粪大肠菌群、粪链球菌群以及异养菌平板计数为目的的分析；

"重复微生物检测"——以发现和计量大肠菌群及粪大肠菌群，或者健康管理机构要求的大肠杆菌群为目的的分析；

"因素"——元素、特性、化合物或微生物；

"抽样"——获得水样，并提供给认可实验室或官员指定的其他实验室进行检测；

"重复抽样"——实验室通过微生物检测发现偏离第 4 条要求后 24 小时内在同一现场再次进行抽样；

"书册"——美国公共卫生协会、美国水工程协会、水环境协会联合编制和出版的《水和废水标准检验方法》最新版本，其副本已发送给位于耶路撒冷的卫生部 S. Ziman 博士公共医学图书馆，并在工作时间内对公众开放；

"脱盐"——去除水中溶解的盐分或矿物质的过程；

"水污染"或"饮用水污染"——偏离第 4（1）条或第 4（2）条中规定的要求，或者水的物理性质、化学性质、感官性质、生物性质、细菌学性质、放射性质或其他特性发生变化，或者出现任何其他影响公共健康的因素；

"水法"——1959 年《水法》；

"水处理"——旨在改善水卫生质量或使水更加符合饮用水要求的过程或去除或减少可能会影响水卫生质量的因素的过程；

"最佳可行技术（BAT）"——用于水处理、改进水卫生质量、去除或最大限度地减少可能会影响水卫生质量的因素的最佳和最先进技术和方法，即使还未在以色列境内实施也合理可行；

"生水"——处理后将变成饮用水的原水；

"饮用水"——定义参见《条例》；

"生产设施"——从水源处泵出生水的泵送系统；

"地表水设施"——泵出自然或监管安装的江河水、溪水、泉水或水库储水的生产设施，在靠近地表处或当水流到地表上后收集水；

"地下水设施"——泵出地下水库储水的生产设施；

"处理设施"——用于水处理的系统或工艺；

"官员"——卫生部部长，或部长指定的负责处理某些或全部本标准相关问题的员工；

"认可实验室"或"实验室"——官员认定的负责处理某些或全部本标准相关问题的实验室；

"供水系统"——包含下列全部或部分组件的系统：泵送设施，水处理、配水、计量、储存或监测设施，但生产设施除外；

"主要水系统"——将饮用水从一家供应商送往另一家供应商的供水系统；

"水源"或"饮用水水源"——泉水、溪流、江河及其他流水或积水，不论是地上或地下的，不论是自然或监管安装的，不论是持续地或间歇性地漏出的、流出的或存于其中的，包括即将脱盐的盐水，污水、废水和回收水除外；

"监测"——包括抽样、检测、解释结果和汇报（视情况而定）；

"进入点"——水从某位供应商的供水系统送往另一供应商的供水系统的进入点；

"供应商"或"供水商"——通过供水系统或生产设施向另一供应商或用水户供应饮用水的人，包括《水法》第 23 节规定的生产许可持有人或者其他被要求持有许可的人，以及市政机构；

"卫生调查"——为查出饮用水污染原因或相关责任人所采取的行动；

"预防性卫生调查"——对生产设施、处理设施和供水系统及各自环境的定期卫生调查；

"侦查性卫生调查"——为查出水源、生产设施或供水系统及各自环境中的水污染原因而开展的卫生调查；

"比值合计"——实测值除以相关最大浓度的合计，详见公式：

$$\frac{\text{实测参数浓度}N_1}{\text{标准浓度}N_1}+\frac{\text{实测参数浓度}N_2}{\text{标准浓度}N_2}+\frac{\text{实测参数浓度}N_i}{\text{标准浓度}N_i}=\text{比值合计}$$

"健康管理机构"——定义参见《条例》第 52A 节规定；

"国家水管理机构"——根据《水法》第 46 节规定的、政府机构委员会授权的负责水和污水问题的单位；

"市政机构"——2001 年《水和污水公司法》中定义的市、地方委员会、区域委员会或在地方委员会管辖范围内成立的地方理事会、城市联合会或公司（视情况而定）；

"EPA 方法"——美国环保局批准的并且在卫生部官方网站上公布的检测方法。

供水商义务　　3　供水商应始终负责：

（1）供应高质量饮用水和确保饮用水符合本标准下要求的卫生质量；

（2）供应商直接或间接拥有或占用的供水系统或生产设施的正确安装、操作和维护；

（3）本标准各项规定的实施。

第 B 章　饮用水质量和偏差响应

饮用水质量　　4　以下标准始终适用于饮用水：

（1）每 100 毫升饮用水中不得检出大肠菌类；

（2）不得检出偏离本标准附录 1、2、5 或 6 所述数量、浓度、指标或比值合计的因素；

（3）应按照本标准的相关规定处理饮用水。

饮用水质量　　5（a）当饮用水不符合第 4 条中描述的一项或多项条件时：
偏差

（1）供应商必须及时通知健康管理机构和消费者，不得延误；如果健康管理机构发现不符合上述第 4 条中描述的条件不会对公共健康造成不利影响，那么健康管理机构可免去供应商的上述消费者告知义务；

（2）供应商必须立即采取纠正措施，并报告健康管理机构。

（b）一旦健康管理机构收到按照上文第（a）（1）款规定发

出的通知，健康管理机构可指示供应商采取保护公共安全必须采取的其他措施，包括按照第 7 条规定认定相关水质不合格。

（c）在达到第 4 条所规定的必要质量之前，供应商必须采取第（a）（2）款规定的纠正措施和第（b）款规定的额外措施；完成纠正措施之后，供应商应在发现偏差的抽样点及供水系统中的其他代表点抽取水样品，以便检测水是否满足第 4 条所规定的必要质量；检测结果应上报健康管理机构。

（d）完成纠正措施和第（c）款所述抽样过程之后，供应商应在其官方网站上公布报告，其中应包括被检出的偏差问题、相关日期、已采取的纠正措施，以及证明水满足第 4 条所规定的必要质量的检测结果。

检测结果偏差　6　除第 5 条的规定外：

（1）在微生物检测中，如果在 100 毫升水中检出一个或多个大肠菌群，则供应商或实验室（视情况而定）应采取下列措施：

（a）负责检测的实验室应立即检测发现的大肠菌群，以识别大肠杆菌，而且应立即向健康管理机构报告检测结果；

（b）供应商应重复抽样开展重复微生物检测；健康管理机构可要求供应商在其他抽样点进行抽样；如当时认定不符合饮用水标准，那么监管管理机构可免去供应商的重复抽样义务；

（c）在重复微生物检测中，如果在 100 毫升水中检出一个或多个大肠菌群，供应商将按照第（b）项规定进行重复抽样，还应遵守健康管理机构的指示，直至达到第 4 条所规定的必要质量。

（2）一旦化学检测结果被发现不符合本标准附录 1、2 和 6 中规定的水质，那么供应商应立即在之前的抽样现场再次抽样，或者应立即暂停向生产设施供水；供应商和实验室应立即将检测结果告知健康管理机构；健康管理机构可另外指示供应商进行检测。

不合格的饮用水　7（a）如发生下列任何情况，健康管理机构可认定水源不符合饮用水的条件，可设定使用条件，可限制使用或下令限制供应：

（1）如果它（水）不符合第 4 条规定；

（2）即使满足第 4 条的各项规定，因为水的质量或外观，或者基于卫生调查发现，或者因为水污染问题，当合理怀疑水可能危及公众健康时；

（3）如果在水中发现本标准中未提及的因素，或者就计量而言未设定浓度值或数值的因素，或者健康管理机构认为可能会危及公共健康的数值。

（b）一旦如第（a）款所述认定水不符合饮用水标准，那么在收到健康管理机构的批复之前不应更新供水，而且必须要满足健康管理机构所确定的条件和指示。

质量不合格水的特别使用许可

8 （a）如果官员认为没有可替代饮用水来供应，并且官员认定如下，那么官员可在合理限制期限内合理书面决定允许将不符合第 4 条质量要求的水用作饮用水，并使之符合相关条件：

（1）在上述期限内使用饮用水不会影响公众健康；

（2）官员下令采取的避免健康伤害的措施已经实施。

（b）第（a）款中列明的许可在不超过六个月的有限期限内有效，而且可延期。

（c）一旦第（a）款中列明的许可出具，供应商应立即按照官员要求的方式通知消费者该许可及相关条件，不得延误。

第 C 章　水源和生产设施规定

批准饮用水水源

9（a）供水商不得从水源处供水，除非健康管理机构已批准了该水源，而且符合批准条件，该批准条件应包含第 17 条中列明的水处理规定；

（b）如因水污染或污染担忧认定水不适合用作生水，那么健康管理机构不应批准第（a）款中规定的水源。

检测饮用水水源

10（a）负责从水源处生产水的供应商，应按照下列规定，检测生产设施中的生水：

（1）全面微生物检测和浊度检测——每三个月一次；一旦更新了之前供水不超过一个月的生产设施的供水，则供应商应在更新上述供水之前，开展全面微生物检测和浊度检测；

（2）针对附录 1 和附录 2 中描述的所有因素，由本标准附录 1 和附录 2 中描述的监测频率组，按照附录 3 中规定的频率进行化学检测；

（3）如有公共健康担忧或水污染担忧，按照健康管理机构要求的类型和频率，额外进行检测。

（b）国家水管理局每年应编制针对蓝藻（蓝藻细菌）或其毒素的检测表，用于检测国家蓄水层中的生水，还应针对蓝藻毒素超过本标准附录 1 表 E 所述数值的情况编制行动计划。上述计划应于每年 11 月 1 日之前提交给健康管理机构供其审批。健康管理机构可批准或拒批计划，或者在提出条件的前提下批准这些计划；国家水管理局应按照健康管理机构批准的计划方案行动。

地下水设施中微生物检测发生偏差

11（a）在地下水设施中抽取 100 毫升水样开展全面微生物检测，一旦检出超出 50 个大肠菌群，或 10 个粪大肠菌群，或 10 个链球菌群，那么：

（1）供水商应重复抽样，以便开展额外的全面微生物检测，应立即采取可避免水污染的纠正措施，应向健康管理机构上报相关措施，不得拖延，还应按照第 28（b）条规定开展侦查性卫生调查；

（2）完成第（1）款规定更正措施之后，如果水质依然不符合规定的质量，那么水源不应被用作生水，除非水按照第 17（c）（1）条规定进行处理，并满足批准规定。

（b）在第 26 条所述抽样计划下采取的 50% 以上年度样品中，如果细菌浓度超过第（a）项规定的浓度，那么相关地下水设施应视为地表水设施，而且应按照第 17（c）（2）、（d）和（e）项规定针对地表水设施或官员批准的同等方法处理和检测水质。

（c）过去五年来，在超过 25% 以上的检测中，生水浊度超过本标准附录 2 表 B 中要求的质量的地下水设施中，供应商应持续检测水的浊度。

将水回注蓄水层的生产设施

12（a）在注入水的生产设施中，被注入的水应满足第 4 条规定的数值；

（b）按照第（a）款规定注入水之后，不得直接从生产设施供应饮用水，直至得到健康管理机构的批准，并符合批准条件；

（c）就本条规定而言，"注水"以《水法》第 44A 节的定义为准。

第 D 章 供水系统

供水系统中的检测

13（a）供水商应对其自有或占用的供水系统开展以下要求的检测：

（1）检测包括附录 4 表 A 中描述的微生物检测、浊度检测以及活性消毒剂检测；

（2）金属物质检测包括——附录 4 表 B 中描述的铁、铜和铅；

（3）附录 4 表 C 中描述的氟化物检测；

（4）附录 4 表 B 中描述的石棉制管道系统的石棉检测。

（b）第（a）项中的检测应按照附录 4 第 A 列规定的人口规模、第 B 列中规定的频率和第 C 列规定的样品数量开展。

（c）在不影响第（a）款和第（b）款规定的前提下，在入口点，将水运输给其他供应商的供应商按照附录 4 表 A 第 B 列规定的频率，以及第 A 列中列明的入口点人口数量，开展微生物检测、浊度检测和活性消毒剂检测。尽管有本款规定，在本文所述情况下，健康管理机构可批准事先批准的一个或多个代表抽样点的检测情况：

（1）直接向居民总人数超过 5 000 的多个社区输送水时；

（2）在存在多个进入点的某个社区内，在可代表水质和人口数量的入口点，根据健康管理机构批准的计划。

（d）健康管理机构应决定人口数量（以中央统计局的数据为准），期间应考虑接收供水点用水的人口活跃性程度和类型。如本款规定所述，健康管理机构作出的决定应公布于卫生部官方网站上。

（e）如遇公共健康担忧或水污染担忧，供水商应按照健康管理机构指示的频率、地点和检测类型，开展额外检测。

（f）针对持续监测范围之外的活性消毒剂检测，应由第 33（b）款所述合格人员在抽样时开展，由供水商或作为供水商代表的认可实验室承担相关责任。

用水户要求的检测

14（a）用水户提出要求后，供应商应针对第 13（a）（1）和（2）条中规定的因素，检测用水户拥有或占用的供水系统中含有的这些元素，以官员公布的抽样指示为准；完成检测后，供应商应将检测结果告知用水户，用水户将承担相关费用；

（b）负责向用水户供水的供水商应在定期账户发票中，告知开展第（a）款所述检测的可能性；用水户可要求最多每 12 个月进行一次检测。

储水箱中的水

15　供应商不得供应在储水箱中储存时间超过一周的饮用水，除非获得了健康管理机构的批准，且遵守批准条件；就此而言，"储水箱"以 1983 年《公共健康条例（饮用水储水箱系统）》（以下简称《饮用水储水箱系统条例》）中的定义为准。

新系统的供水或者供水系统清洁和消毒之后的供水

16　供应商不得从未曾供应过饮用水的供水系统供水，不得从接受了维修或改造且可能会对水质造成不良影响的供水系统供水，除非供应商已按照官员批准的方法，采用官员批准的材料对系统进行的清洁和消毒，而且之前必须完成检测，所有条件都满足饮用水储水箱系统条款和官员的各项指示。

第 E 章　水处理

水处理和处理设施监测

17（a）就生产和处理设施的类型、产能和复杂程度，根据官员的指示，供应商应监测健康管理机构批准的设施中的水。

（b）考虑到设施对环境的影响，根据官员批准的最佳可行技术（BAT）规划、确立和操作处理设施。

（c）除了第（a）项和第（b）项规定外：

（1）如果健康管理机构认为发生第 11（a）（2）条所述偏差现象或面临污染风险，在相关地下水设施中产生的水应进行处理，以确保去除至少 3 个病毒数量级。

（2）地表水设施中产生的生水应采用特定技术进行处理，其中至少包括过滤，并去除此处详述的因素：

（a）隐孢子虫——2 个数量级（去除率 99%）；

（b）贾第虫——3 个数量级（去除率 99.9%）；

（c）病毒——4 个数量级（去除率 99.99%）；

（d）尽管有第（c）款规定，当时发现水源中的隐孢子虫或贾第虫浓度较高时或存在相关担忧时，健康管理机构可要求除去比第（c）项中规定更高的数量级；

（e）根据官员决定，当水离开设施（出口点）时，过滤处理设施的浊度水平应满足 0.1～0.3 的散射浊度单位（NTU）。

（f）各过滤装置的出口点，应持续分析水浊度，而且日均值 95% 应超过 0.3 NTU。在任何情况下，偏离 0.3 NTU 的现场不得连续超过 30 分钟。

脱盐　　18（a）除了第 10 条和第 17 条中规定的之外，生水经过脱盐处理之后，在抽样点应对水质进行监测，看是否有附录 6 中描述的因素，而且水质应满足该附录第 E 列中要求的水平。

（b）在日产能超过 5 000 m³ 的脱盐设施中，应参照设施结构及复杂程序，并根据健康管理机构的指示，安装若干台持续导电监测仪。

（c）负责脱盐水或者以其他方式处理水因此可能改变水酸碱度的供应商，应通过一种方法对水进行稳定处理，以确保附录 6 第 C 列中规定的水的稳定值符合第 E 列中要求的水平。

（d）尽管有第（c）款规定，官员仍可批准水的稳定化处理，以便采用其他方法最大限度地减少对管道系统的腐蚀作用。

水消毒　　19（a）供应商不得供应饮用水，除非水中至少包含附录 5 表 A 第 A 列中规定的一种消毒剂，而且消毒剂的浓度不得低于第 B 列中规定的浓度，也不得超过第 C 列中规定的浓度，上述规定同时适用于生产设施和供应商设施（视情况而定）。

（b）当饮用水中包含附录 5 表 A 中规定多种消毒剂时，要求的最低余量应按照比值合计进行计算，不得超过 1，要求的最高浓度应按照比值合计进行计算，不得超过 1。

（c）供应商应监测下列位置饮用水中的消毒剂浓度：

（1）进行水消毒的处理设施中——持续监测设施的出口点；

（2）供水系统中——进行微生物检测时或持续监测；如果微生物抽样频率仅为每月一次，那么应在月中增加一次残留消毒剂监测；

（3）超过 50 000 名居民的供水系统的入口处——持续监测；由负责向其他供应商供水的供应商进行监测。

（d）官员可批准采用附录 5 表 A 中未提及的消毒剂或技术进行水消毒，但条件是：官员认为这种方法恰当，而且上述方法的效果与附录 5 表 A 所述消毒剂的效果基本相当。

（e）供应商在规划供水系统时，应尽量减少在饮用水中添加消毒副产品的做法。在任何情况下，附录 5 表 B 第 B 列中规定的副产品最高浓度不得超过第 C 列、第 D 列和第 E 列中规定的值。

（f）供应商应按照附录 5 表 C1～表 C3 中规定的频率（视具体情况而定）监测消毒副产品。

（g）供应商应事先告知健康管理机构、其他供应商（如有）和消费者供水消毒方法或消毒水平的调整。

加氟　　20（a）在饮用水中，如果氟化物浓度低于每升 0.7 毫克（以下简写成 mg/L），则供应商应在水中加氟，然后再向超过 5 000 名居民的社区用水户供水，但前提是：浓度的周平均值为 1.0 mg/L。

（b）除非遵照监管管理机构批准的计划（其中应包含监测方法和控制方法），否则供应商不应建立或使用任何在水中加氟的系统。

（c）负责在饮用水中加氟的供应商应持续监测水中的氟化物

浓度，每天至少监测一次。

稀释　21（a）有意稀释饮用水以避免违反第 4（2）条规定质量的供应商，应以书面形式向健康管理机构申请批准稀释；在提交申请书时，供应商应附符合健康管理机构要求且证明满足下列条件的书面证据：

（1）偏离因素在自然环境中非常充沛，包括氯化物、硝酸盐、硫酸盐、自然氟化物、自然硒以及自然放射性材料；

（2）偏离并非是人为污染造成的；

（3）偏离因素的浓度稳定，或者变化速度很慢；

（4）配有持续监测和控制系统，确保不会超过稀释之后水中该偏离因素的量；

（5）作为稀释液的水应满足第 4 条中列明的各项条件。

（b）水的稀释和监测应按照经批准的计划及健康管理机构的指示开展。

监测工具　22　官员可规定所采用的监测工具的类型、使用方法、校准及任何其他相关指示。

饮用水处理材料　23　处理水时，除非材料符合以色列标准 5438《饮用水处理化学品》或采用经官员书面批准的其他材料，否则供应商不得采用此种材料。

第 F 章　一般规定

计划批准　24　任何人不得建立供水系统或生产设施，除非健康管理机构批准了有关上述系统或设施的计划。除非满足经批准的计划，任何人不得建设或运营上述系统或设施。健康管理机构可批准或拒绝，也可在提出相关条件后再批准。

与饮用水直接接触的产品　25　任何人不得安装或使用产品使之与饮用水直接接触，包括在供水系统中或在水生产设施中，除非上述产品满足以色列标准 5452《用于直接接触饮用水的产品检测》的相关要求。

年度抽样计划　26（a）针对供应商自有或占用的供水系统和生产设施中的抽样和检测，供应商应按照本标准编制一份年度计划；该计划至少应包含：抽样点、检测因素和抽样时间表，以本标准的要求为准。

（b）第（a）款所述计划应于每年 11 月 1 日提交健康管理机构，供其审批，提交方式以官员规定的为准。健康管理机构可批准或拒绝，也可在提出相关条件后再批准，但必须在收到计划后一个月内给予回复。如果健康管理机构在上述期限终了未拒批该计划或者提出了某些条件之后才批准该计划，那么已提交的计划应被视作是已获得批准的计划。

（c）供应商应按照第（b）款所述经批准的年度计划开展工作。

抽样和向实验室转移样品

27　抽样，包括贴标、储存和运输用于检测的样品，应按照官员的指示进行。

卫生调查

28（a）供应商开展预防性卫生调查，调查频率如下：

（1）每年至少开展一次，在水处理设施中开展，水消毒设施除外；

（2）至少五年一次，在每个水生产设施中及其附近，在受保护区域内包含设施的地方内，以 1995 年《公共健康标准（饮用水井卫生条件）》为准，根据上述自保护半径 C 起增加 100 米；

（3）每 10 年一次，在供水系统中。

（b）除了第（a）款中规定的外，如发生下列情况，供应商应立即开展侦查性卫生调查：

（1）对污染或水污染担忧；

（2）如果健康管理机构认为检测结果（包括：在水中废弃物或气味方面有所偏离），或者在其他情况下，针对会引发污染或水污染担忧的问题；

（3）一年内，如发现偏离供水系统中开展的微生物检测结果为 5%，那么：

（c）根据健康管理机构的指示，应开展卫生调查。

（d）根据供水商编制且健康管理机构批准的计划开展预防性

卫生调查。

（e）在完成调查后，供水商应向健康管理机构提交预防性卫生调查或侦查性调查结果，包括作为上述调查的一部分开展的试验检测结果。

（f）针对预防性卫生调查结果，供水商应编制纠正措施计划，并应在完成调查后 60 日内向健康管理机构提交计划供其审批。纠正措施计划应设定采取其中每项措施的时间表；健康管理机构可提出条件批准纠正措施计划，或者指示供应商采取措施；纠正措施计划经批准后，供应商按照经批准的计划开展这些措施。

第 G 章　报告、公布和文件

报告和发送检测结果

29（a）实验室应将检测结果发送给健康管理机构，详见下文：

（1）检测结果如果偏离第 4（1）条和第 4（2）条所述要求，则应立即发送给负责监管所采集的饮用水样品的健康管理机构以及供水商；

（2）由实验室按照本标准相关要求开展的所有饮用水检测结果，应通过计算机，按月发送给健康管理机构。

（b）供应商应自行或通过认可实验室向健康管理机构发送本文中描述的检测结果：

（1）按月发送前一月开展的所有微生物检测、残留氯化物检测和浊度检测；通过计算机向负责监管所采集的饮用水样品的健康管理机构发送结果；

（2）六个月内开展的所有化学检测的结果；应于 3 月底之前发送前一年 7～12 月的检测结果；通过计算机向负责监管所采集的饮用水样品的健康管理机构发送结果；

（3）每年发送一次，根据第 14 条规定按照消费者需求开展的检测结果，以官员规定方式为准。

（c）供应商应立即向健康管理机构汇报影响供水系统和水生产设施中的水质问题。

（d）供水商应于每年 6 月 1 日之前向健康管理机构提交电子化年度报告，总结前一年 12 月 31 日之前的所有发现；上述报告应按相关官员规定的方式提交，包括图形和表格、这一年月度发现的数据加工和分析、已经发生的重大故障，以及关于维修、改进和更新的建议。

公布 30（a）每年 6 月 1 日之前，供应商应根据其供水的水源、生产设施和供水系统，在其官方网站上公布年度报告，列明前一年供水质量，以及本标准中的所有详细信息，具体如下：

（1）供应商供水水源的名称和类型；

（2）前一年开展的微生物检测和化学检测的发现问题汇总，包括水中消毒剂和消毒剂副产品的最低和最高浓度，尤其说明相关偏离问题（如有）；

（3）供水系统或生产设施中发现的影响水质的重要故障；

（4）因为第（3）项所述故障或第（2）项目所述偏离而采取的纠正措施，以及为避免这些故障或偏离而采取的措施；

（5）供应商操作的处理设施，除了仅用于消毒的处理设施，包括设施型号和水处理方法；

（6）供应商开展的卫生调查的主要发现，以及因为卫生调查问题而采取的纠正措施；

（7）第 26 条所述年度抽样计划的实施汇总；

（8）提交需求和投诉的沟通方式描述。

（b）在不影响任何法律规定的前提下，官员应在其公报和部门官方网站上公开下列资料：

（1）官员本标准相关指示；

（2）在收到信息后 90 天内，公开在生产设施和供水系统中开展的水源检测结果，尤其列明偏离信息（如有），包括卫生调查重要发现；

（3）就本标准规定的任何因素而言，允许最高浓度信息，以及该因素的健康影响信息。

**特别许可的
报告和公布**

31（a）发放第 8 条所述用水特别许可时，官员应在卫生部官方网站上向公众公开关于用水特别许可的信息，应公布水源、供应商信息、许可所针对的供水区域，以及许可所针对的期限。

（b）卫生部部长应按年（每年 6 月 30 日之前）向以色列议会内务环保委员会报告健康管理机构按照第8条规定发放的特别许可，包括许可发放标准。

文件材料

32（a）供应商应保留关于持续监测资料的电脑记录，至少一年。

（b）供水商应保留本标准下要求开展的所有水质检测的监测结果，并且这些信息可随时提供给健康管理机构检验。

员工培训

33（a）在供水系统或生产设施中，对饮用水的处理、工作、维护、清洁、变更或控制应在人员见证下进行，相关人员接受了官员规定的饮用水卫生质量培训，而且上述人员应参加官员规定的定期培训课程，至少每五年一次。

（b）相关人员应进行抽样，相关人员接受了官员批准的水质抽样培训，而且已参加官员规定的定期培训课程，至少每五年一次。

撤销批准

34 官员和健康管理机构可随时撤销本标准下给出的批复，但前提是：如果他们持下列意见，则供应商可给出其解释：

（1）本标准的某条规定未得到遵守；

（2）如不撤销批准，那么可能引发公共健康担忧。

顾问委员会

35（a）官员应指定专门负责饮用水质量的顾问委员会，委员会构成如下：

（1）卫生部的环境卫生总工程师，应担任委员会主席；

（2）卫生部的首席环境卫生毒理学家；

（3）卫生部的国家饮用水工程师；

（4）作为高等教育协会教学人员的五名代表，他们具备水系统工程、水化学或水生物、水文学、水处理或类似领域的资质；

（5）两名医师，他们是公共健康领域的专家；

（6）环保部部长的一名代表，环保部的工作人员；

（7）政府水和污水管理局局长或其代表；

（8）从政府水和污水管理局局长提交的候选人名单中指定的供水商代表；

（9）从环境质量保护公共机构的管理组织提交的候选人名单中指定的公共健康和环境公共机构代表。

（b）第（a）款第（4）项至第（9）项下指定的咨询委员会成员任期应为五年，可连任。

（c）顾问委员会应确定其自身的工作安排。

（d）顾问委员会的职责包括：

（1）遵守国际组织及其他国家关于饮用水质量的建议和标准；

（2）根据饮用水质量和饮用水质量要求，编制研究相关的研究材料和出版物；

（3）分析本标准下开展的饮用水监测结果；

（4）建议必要的饮用水质量调查，包括弱势群体机构中的饮用水质量、老建筑中的饮用水质量、贫困人口地区的饮用水质量，以及调查活动中的专业监督；

（5）建议收集水、水源和供水系统中要素的资料，以及分析相关资料；

（6）建议进行关于脱盐水的研究和信息收集，包括：使用金属物质含量过少的水对公共健康的影响，对供水系统的影响；

（7）基于第（1）款至第（5）款下采取的行动和收集的信息，建议修改和更新本标准；

（8）官员分配的其他职能。

（e）在不影响第（d）款规定的前提下，顾问委员会应审视更新本标准的需求，至少每四年一次，还应向卫生部提交其建议。

（f）顾问委员会的结果和建议应公布在卫生部官方网站上。

废止

生效

暂行规定

36　1974 年《公共健康标准（饮用水卫生质量）》特此废除。

37（a）本标准（第（b）款和第（c）款中规定之外）应于公布 60 日后生效（以下简称"生效日期"）。

（b）第 14 条于本标准公布一年后生效。

（c）第 33（a）条的生效：

（1）就本标准规定的职能而言，如果供应商聘用的人数不超过 10 名，则生效日期是 2014 年 3 月 1 日；

（2）就本标准规定的职能而言，如果供应商聘用的人数超过 10 名，则生效日期是 2017 年 9 月 1 日，但生效日期之后的每一年，至少五分之一的员工要接受正式培训。

38（a）就附录 3 第 1 项"监测频率 A 组"规定而言，用于监测农药和工业有机材料的第一组年度抽样，应于生效日期之前，按照供水商向健康管理机构提交供审批的计划下所设定的日期开展工作。从生效日期开始至五年期限期满之前，按年平均分配上述抽样活动。

（b）铀、硼、铍、钼、甲基叔丁基醚元素的第一组年度抽样，应于生效日期之前，按照供水商向健康管理机构提交供审批的计划下所设定的日期开展工作。从生效日期开始至两年期限期满之前，按年平均分配上述抽样活动。

（c）不论附录 2 中有任何规定，本文件所提及的元素浓度所处的水环境，在所示期限内，应视为适合用作饮用水：

（1）不超过 350 mg/L 的硫酸盐——自生效日期起 3 年；

（2）不超过 450 mg/L 的氯化物——自生效日期起 5 年；

（3）过滤水中的铝，在超出生水中所含浓度的 0.2 mg/L 以内——自生效日期起 2 年。

（d）（1）第 28（a）（2）条所述最初卫生调查应于自生效日期起三年内开展。

（2）第 28（a）（3）条所述最初卫生调查应于自生效日期起五年内开展，在各年平均分配工作。

暂行规定——镁

39　从 2012 年 9 月 1 日至 2015 年 9 月 1 日这段期间内，在脱盐水中添加镁元素的影响和相关成本接受了检验，以研究备选技术的成本和适用性。下列规定适用：

（1）在一项或多项脱盐设施中，应构建基础设施，以运营用于检验在饮用水中添加镁元素技术的实验工厂，包括：使实验工厂能够在 20～30 mg/L 浓度下继续向脱盐水中添加镁元素的工厂，从而得出关于适用性、成本、健康影响及其他方面的可靠结果，以及关于检测技术作用的可靠结果；

（2）应设立一支专业团队，由七名成员组成，负责确定实验工厂的布局、能力和范围，包括：将检验的工作说明、阶段、方法和精确标准；专业团队中应包含卫生部部长的两名代表、能源水利部部长的一名代表、政府水和污水管理局局长的一名代表、农业和农村发展部部长的一名代表、财政部的两名代表（在本标准中称作"团队"）；

（3）官员应于 9 月 1 日之前向以色列议会内务环保委员会提交年度报告，汇报上述团队开展的检验的结果及截至报告日期的相关结论。另外，在 2015 年 6 月 1 日之前，就团队关于脱盐水中添加镁元素工作提出意见；

（4）2015 年 9 月 1 日之前，官员可批准负责从脱盐设施中供水的供水商将实验工厂处理过的水汇入饮用水，但需满足其视为适当的各项条件。

暂行规定——加氟

40　第 20 条规定在生效日期后一年内有效。

附录 1

（第 2 条、第 4（2）条、第 6（2）条、第 10（a）（2）条、第 10（b）条和附录 3）
影响健康的因素

表 A　无机物质

第 A 列 因素	第 B 列 符号（适用于报告目的）	第 C 列 最高浓度/ （mg/L）	第 D 列 附录 3 中的生产设施中 监测频率组
锑	Sb	6	C
铀*	U	15	E
砷	As	10	E
硼	B	1 000	E
钡	Ba	1 000	E
铍	Be	4	E
硝酸盐	NO_3	70 000（按 NO_3 计）	F
银	Ag	100	E
汞	Hg	1	E
铬	Cr	50	E
钼	Mo	70	E
镍	Ni	20	E
硒	Se	10	E
铅	Pb	10	E
氟化物	F	1 700	E
氰化物	CN	50	E
镉	Cd	5	E
铊	Tl	2	C

* 根据"表 D：放射性物质"，铀将接受放射性水平检测。

表 B　农药

第 A 列 因素	第 B 列 符号（适用于 报告目的）	第 C 列 CAS 编号	第 D 列 最高浓度/ （mg/L）	第 E 列 附录 3 中的生产设施 中监测频率组
草氨酰	OXML	23135-22-0	200	C
甲草胺	ALAC	15972-60-8	4	A
涕灭威	ALCB	116-06-3	10*	A
涕灭威砜	ALSN	1646-88-4		
涕灭威亚砜	ALSD	1646-87-3		
莠去津	ATRA	1912-24-9	2	A
艾氏剂	ADRN	309-00-2	0.05*	C
狄氏剂	DADN	60-57-1		
二溴化乙烯	ETDB	106-93-4	0.05	A
2,4-D 包括酯和盐	DCPA	94-75-7	30	A
1,2-二溴-3-氯	DBCP	96-12-8	0.3	A
DDT 包括降解产物 DDE-& DDD	DDT DDD DDE	107917-42-0 72-54-8 72-55-9	1*	B
1,2-二氯乙烷	DCPN	78-87-5	5	A
乐果	DMTT	60-51-5	6	A
地乐酚	DNSB	88-85-7	7	C
敌草快	DQAT	85-00-7	20	C
七氯	HEPT	76-44-8	0.4	A
环氧七氯	HEPE	1024-57-3	0.2	A
2,4,5-T	TCAA	93-76-5	9	B
氟乐灵	TRFL	1582-09-8	20	A
氯丹 包括所有氯丹同分异构体	CLDN	57-74-9	1	A
毒死蜱	CLPF	2921-88-2	30	A
林丹	LIND	58-89-9	1	A
异丙甲草胺	MTAL	51218-45-2	10	C
MCPA	MCPA	94-74-6	2	A
西玛津	SIMZ	122-34-9	2	A
2,4,5-TP（三氯苯氧丙酸）	TCPA	93-72-1	10	B
五氯苯酚（PCP）	PCP	87-86-5	3	B
卡巴呋喃	CBFN	1563-66-2	20	C
比值合计			1.5（无单位）	

*本组所列因素的合计。

表 C 工业源产生的有机物质

第 A 列 因素	第 B 列 符号（适用于 报告目的）	第 C 列 CAS 编号	第 D 列 最高浓度/ （mg/L）	第 E 列 附录 3 中的生产设 施中监测频率组
乙苯	ETBN	100-41-4	300	A
多氯联苯（PCB）	PCB	1336-36-3	0.5*	B
苯	BENZ	71-43-2	5	A
苯并[a]芘	BNZP	50-32-8	0.5	A
邻苯二甲酸二乙基己酯	BEPT	117-81-7	8	A
二溴化乙烯	ETDB	106-93-4	0.05	A
1,1-二氯乙烯	DCEY	75-35-4	10	A
顺式-1,2-二氯乙烯	CDCE	156-59-2	50	A
反式-1,2-二氯乙烯	TDCE	156-60-5	50	A
1,2-二氯乙烷	DCET	107-06-2	4	A
1,2-二氯苯	MDCB	95-50-1	600	A
1,4-二氯苯	PDCB	106-46-7	75	A
二氯甲烷	DCLM	75-09-2	5	A
1,2-二氯丙烷	DCPN	78-87-5	5	A
氯乙烯	VYCL	75-01-4	0.5	A
甲苯	TOLU	105-88-3	700	A
四氯乙烯	TECE	127-18-4	10	A
1,1,1-三氯乙烷	TCET	71-55-6	200	A
1,1,2-三氯乙烷	TCEN	79-00-5	5	A
三氯乙烯	TCEY	79-01-6	20	A
1,2,4-三氯苯	TCB	120-82-1	70	A
三氯甲烷	CHLF	67-66-3	80	A
一氯苯	MCBZ	108-90-7	100	A
苯乙烯	STYR	100-42-5	50	A
甲醛	FORM	50-00-00	900	D
四氯化碳	CCL4	56-23-5	4	A
二甲苯 -所有同型异构体	XYLE	1330-20-7	500	A
比值合计			1.5（无单位）	

*各种种类（用十氯联苯表示）的合计。

表 D 放射性物质

饮用水水源中发现的天然源和人造源放射性核素*

第 A 列 放射性核素	第 B 列 放射类型	第 C 列 最高活性浓度**/ （Bq/L）	第 D 列 放射性核素源		第 E 列 附录 3 中的监 测频率组
U^{238}***	α	3.0	天然铀系列	自然源放射性核素	I
U^{234}***	α	2.8			
Th^{230}	α	0.7			
Ra^{226}	α	0.5			
Pb^{210}	β	0.2			
Po^{210}	α	0.1			
Th^{232}	α	0.6	天然钍系列		
Ra^{228}	β	0.2			
Th^{228}	α	1.9			
Ra^{224}	α	2.1			
Cs^{134}	β	7.2	裂变产物	人造源放射性核素	
Cs^{137}	β	10.5			
Sr^{90}	β	4.9			
I^{131}	β	6.2			
H^{3}	β	7 610	其他放射性 核素		
C^{14}	β	236			
Pu^{239}	α	0.5			
Am^{241}	α	0.7			
比值合计		1（无单位）			

* 其他放射性核素的最高活性浓度，参见世界卫生组织（WHO）在卫生部官方网站上公布的最新版饮用水质量指南附录 6。

** 第 C 列中描述的最高活性浓度相当于 0.1 毫西弗（0.1 mSv）的年度放射量。

*** 根据"表 A：无机物质"，还将检测铀的最高浓度。

表 E 蓝藻（蓝菌）毒素

第 A 列 因素	第 B 列 最高允许浓度/（mg/L）	第 C 列 附录 C 中的监测频率组
微囊藻毒素 LR（自由的和有约束的）	1	D

表 F 其他因素

第 A 列 因素	第 B 列 符号（适用于报告目的）	第 C 列 最高允许浓度/ （mg/L）	第 D 列 附录 3 中的监测频率组
高氯酸盐（ClO$_4$）	ClO$_4$	—	D
苯并[a]芘*	BNZP	—	A
苯并[b]荧蒽	BBFL	—	D
苯并[k]荧蒽	BKFL	—	D
苯并[g,h,i]荧蒽	BGPE	—	D
茚并[1,2,3-cd]芘	INPY	—	D
隐孢子虫		—	D
贾第虫属		—	D

* 根据"表 C：工业源产生的有机物质"，还将检测苯并[a]芘。

附录 2

（第 2 条、第 4（2）条、第 6（2）条、第 10（a）（2）条、第 11（c）条和第 37（c）条）
具备感官影响的因素[*]

表 A

第 A 列 因素	第 B 列 符号（适用于报告目的）	第 C 列 最高允许浓度/ （mg/L）	第 D 列 附录 3 中的监测频率组
锌	Zn	5.0	G
铝	Al	0.2	G
钾	K	—	G
紫外线辐射吸光度	UV	—	H
铁	Fe	1.0	G
硫酸盐	SO_4	250	G
氯化物	Cl	400	H
总有机碳	TOC	—	H
总溶解固体	TDS	—	G
镁	Mg	—	G
锰	Mn	0.2	G
表面活性剂（阴离子洗涤剂）	MBAS	0.5	G
甲基特丁基醚（MTBE） CAS 编号 04-4-1634	MTBE	0.04	G
铜	Cu	1.4	G
钠	Na	—	G
钙	Ca	—	G
油	OG	0.3	D

[*] 感官影响——味道、气味、颜色、温度等。

表 B

第 A 列 因素	符号（适用于报告目的）	第 B 列 允许值	第 D 列 附录 3 中的监测频率组
酸碱度	pH	6.5～9.5	H
味道		无排斥	基于特别要求
气味	ODOR	无排斥	基于特别要求
温度	T	无排斥	H（现场检测）
颜色	COLR	15 个色度	H
浊度	TURB	1 个比浊法浊度单位（以下简称为"NTU"）	在水源中——在供水系统中每个季度一次——在每次微生物抽样中

** 如官员认为浊度是因为矿物质形成的，而且没有第 4（1）条所述微生物偏离现象，则官员可批准地下水中不超过 3 个 NTU 的浊度。

附录 3
（第 10（a）（2）条、第 37（a）条、附录 1 和附录 2）
生产设施的抽样频率

1. 监测频率 A 组

（工业源头产生的农药和有机物质）

a. 深地下水设施

在地面开孔至孔底超过 150 米的深地下水设施中，需监测每一种因素，每年进行一次。

如果检出某种因素的浓度低于最高浓度的 60%，并且卫生调查未查出可要求增加检测频率的理由，那么抽样频率应减至五年一次；如果检出某种因素的浓度超过最终允许值的 60%以上，那么频率应增加至一年一次。

b. 浅地下水设施

（1）在地面开孔至孔底未达到 150 米的浅地下水设施中，需监测每一种因素，以一年为周期，每三个月检测一次*。

（2）在各个阶段，根据最新检测结果，必须选择按照以下备选方案之一开展行动：

（a）第一种方案：如每次检测均检出某种因素的浓度低于最高浓度的 10%**，那么下一次抽样将在五年之后进行。

（b）第二种方案：如检出某种因素的浓度在最高浓度的 10%～30%之间，则必须按照下列要求开展行动：

①在检出该因素浓度为 10%～30%之间的这一个季度内进行监测，监测频率为一年一次；

②如检出最高浓度低于 30%，而且在 3 年内无上升趋势，那么下一次抽样将在五年之后进行。

③第三种方案：如检出某种因素的浓度高于最高浓度的 30%，则必须按照下列要求开展行动：

①供应商将按照每三个月一次的频率进行监测；

---

* 在生产设施暂停生产的季度内，无需抽样。

** 如果检测结果低于该种方法的阈值，则应视为 0。

②如果 3 年内每次检测均检出该浓度下降至最高浓度的 30%以下，则下一次抽样将在一年后进行；

③如每次检测均检出该浓度低于 30%，而且在 5 年时间内无上升趋势，那么下一次抽样将在 5 年之后进行。

c. 地表水设施

（1）在地表水设施中，需监测每一种因素，以一年为周期，每三个月检测一次[*]。

（2）在各个阶段，根据最新检测结果，必须选择按照以下备选方案之一开展行动：

（a）第一种方案：如每次检测均检出某种因素的浓度低于最高浓度的 10%[**]，那么下一次抽样将在三年之后进行。

（b）第二种方案：如检出某种因素的浓度在最高浓度的 10%～30%之间，则必须按照下列要求开展行动：

①按照每三个月一次的频率进行监测；

②如检出最高浓度低于 30%，而且在 3 年内无上升趋势，那么下一次抽样将在三年之后进行。

③第三种方案：如检出某种因素的浓度高于最高浓度的 30%，则必须按照下列要求开展行动：

（1）供应商将按照每三个月一次的频率进行监测；

（2）如果 3 年内每次检测均检出该浓度下降至最高浓度的 30%以下，则下一次抽样将在一年后进行；

（3）如每次检测均检出该浓度低于 30%，而且在 5 年时间内无上升趋势，那么下一次抽样将在三年之后进行。

2. 监测频率 B 组

（在以色列境内被停用的或从未使用过的因素）

就某种因素而言，自 2006 年 1 月 1 日起，在每种未接受过该因素检测的水生产设施中进行一次针对该因素的检测。

如果在生产设施中检出任一此类因素，不论浓度多少，均应按照健康管理机构的指示，持续监测这一因素；对于未检出该因素的生产设施，停止对该因素的监测。

---

[*] 在生产设施暂停生产的季度内，无须抽样。

[**] 如果检测结果低于该种方法的阈值，则应视为 0。

3. 监测频率 C 组

（在本阶段造成卫生危害的概率非常小，因此未确立常规监测制度的因素，但是必须要进行信息收集，以评估以色列各种条件下进行监测的必要性）。

自本标准生效后两年内，如有供水商采用超过 3 台生产设施供水，那么这些供水商所拥有的 25% 的生产设施要接受检测；健康管理机构应批准将接受检测的生产设施清单。

根据全国范围内的检测结果，官员应决定将相关污染物归为哪个监测组（A 组、B 组、D 组、E 组，或者停止监测）。

4. 监测频率 D 组

（可能在特定区域发现的、会造成健康危害的因素）。

根据各个区域内环境卫生风险程度，按照官员指示进行监测。

5. 监测频率 E 组

（影响健康的无机因素）

就每种因素而言，按照每年一次的频率对每台生产设施进行监测。

如在最近一次检测（包括在生效日期之前开展的检测工作）中检出某种因素的浓度低于最高浓度的 60%，并且卫生调查未查出可要求增加检测频率的理由，那么抽样频率应减至五年一次。

如在某一次检测中发现该因素浓度上升至最高允许值的 60% 以上，那么监测频率应提高至一年一次。

6. 监测频率 F 组

（硝酸盐）

按照一年一次的频率，对所有生产设施进行监测。

如果检出其浓度高于 50 mg/L，则抽样频率应增加至三个月一次。将抽样频率降至一年一次需要获得健康管理机构的事先批准。

7. 监测频率 G 组

（具备感官影响的因素）

对于确定了最高浓度的因素，应按照一年一次的频率对每台生产设施进行监测。

如在最近一次检测（包括在生效日期之前开展的检测工作）中检出某种因素的浓度低于最高浓度的 60%，那么抽样频率应减至五年一次。

对于未确定最高浓度的因素，按照五年一次的频率对每台生产设施进行监测。

8. 监测频率 H 组

（具备感官影响的因素）

对于这些因素，应按照一年一次的频率对所有水源进行监测。

9. 监测频率 I 组

（放射性物质）

按照一年一次的频率，对所有生产设施进行α和β放射性元素监测。

根据最新的总α和β放射性元素检测结果，必须选择按照以下备选方案之一开展行动：

（1）第一种方案：如检出总α放射性元素的浓度低于 0.2 贝可/升且总β放射性元素的浓度低于 1 贝可/升（在减去钾-40 活性浓度之后），则抽样频率应为五年一次。

（2）第二种方案：如检出总α放射性元素的浓度低高于 0.2 贝可/升且总β放射性元素的浓度高于 1 贝可/升（在减去钾-40 活性浓度之后），则应按照官员指示和下列条件，开展附录 1 表 D 中详述的放射性核素检测。

（a）如检出放射性核素比值合计低于 0.6，则应在三年后再进行一次总α和β放射性元素检测；

（b）如检出放射性核素比值合计在 0.6～1 之间，则应在一年后再进行一次总α和β放射性元素检测。

附录 4

（第 13（a）、第（b）和第（c）条）
供水系统的检测和抽样频率

表 A 微生物检测、活性消毒剂和浊度

第 A 列 服务人口规模	第 B 列 抽样频率	第 C 列 每次抽样的站点数量
不超过 1 000	每 4 周 1 次	2
1 001～5 000	每 4 周 1 次	4
5 001～10 000	每 4 周 1 次	6
10 001～20 000	每 2 周 1 次	5
20 001～30 000	每 2 周 1 次	6
30 001～40 000	每 2 周 1 次	7
40 001～50 000	每周 1 次	5
50 001～70 000	每周 1 次	6
70 001～90 000	每周 2 次	4
90 001～110 000	每周 2 次	5
110 001～140 000	每周 2 次	6
140 001～170 000	每周 3 次	4
170 001～200 000	每周 3 次	5
200 001～250 000	每周 5 次	4
250 001～300 000	每周 5 次	5
300 001～400 000	每周 5 次	6
400 001～500 000	每周 5 次	7
500 000 以上	每周 5 次	8
主水系统	以第 26 条所述抽样计划中规定的抽样频率和样品数量为准	

表 B　金属检测——铁、铜和铅

第 A 列 服务人口规模	第 B 列 抽样频率	第 C 列 每次抽样的站点数量
不超过 10 000	每 3 年 1 次	3
10 001～50 000	每 2 年 1 次	6
50 001～100 000	每年 1 次	10
100 001～200 000	每年 1 次	20
200 001～300 000	每年 1 次	40
300 000 以上	每年 1 次	60
主水系统	以第 26 条所述抽样计划中规定的抽样频率和样品数量为准	

表 C　氟化物检测

（1）每个季度至少要对各个代表性抽样点检测一次；

（2）从永久性水源中获取水的区域内，将在一个代表性抽样点抽样；

（3）从不同水源处获取的社区中，按照下表规定进行抽样。

第 A 列 服务人口规模	第 B 列 抽样频率	第 C 列 每次抽样的站点数量
区域理事会内的社区	每季一次	1
地方理事会和城镇 不超过 20 000	在不同抽样点每月抽样一次	2
20 001～50 000		3
50 001～100 000		4
100 001～200 000		5
200 001～300 000		6
300 000 以上		7
主水系统	以第 26 条所述抽样计划中规定的抽样频率和样品数量为准	

表 D 石棉检测

第 A 列 服务人口规模	第 B 列 抽样频率	第 C 列 每次抽样的站点数量
不超过 10 000		3
10 001～50 000		6
50 001～100 000	自生效日期起 3 年内仅一次检测	10
100 001～200 000		15
200 001～300 000		20
300 000 以上		30
主水系统	以第 26 条所述抽样计划中规定的抽样频率和样品数量为准	

附录 5
（第 2 条、第 4 (2) 条及第 19 (a)、(b)、(d) ~ (f) 条规定）
消毒

表 A　消毒剂

第 A 列 因素	第 B 列 最低要求残留量/ （mg/L）	第 C 列 最高允许浓度/ （mg/L）
生产设施内、消毒设施出口处		
氯	0.2	1
氯胺	0.5	3
二氧化氯	0.1	0.8
比值合计	1（无单位）	1（无单位）
供水系统内		
氯	0.1	0.5*
氯胺	0.3	3
二氧化氯	无要求	0.8
比值合计	1（无单位）	1（无单位）

* 在主水系统中，未向用水户供水期间，不超过 0.8 mg/L。

表 B　消毒副产品

第 A 列 因素	第 B 列 消毒副产品	第 C 列 最高浓度/ （mg/L）	第 D 列 最多连续两周内的 最高浓度/（mg/L）	第 E 列 最高年度加权 平均值/（mg/L）
氯	三卤甲烷	90%的时间内 至少 0.1	0.15	0.1
氯胺	氨	—	—	—
	硝酸盐	3（按 NO_2 计）	—	—
二氧化氯	亚氯酸盐+氯酸盐	1*	—	—
臭氧	溴酸盐	0.01	—	—

＊2 种化合物合计。

表 C 消毒副产品抽样频率

- 下列表格展示了消毒剂类型不变的前提下的供水机制；
- 如果消毒剂类型在某些时期内发生改变，则应在一周后按照规定频率进行监测；
- 在每种消毒剂的使用期限内，计算年度调整测量水平。

表 C.1 氨、亚硝酸盐、亚氯酸盐+氯酸盐和溴酸盐的监测

消毒副产品	氨	亚硝酸盐	亚氯酸盐+氯酸盐	溴酸盐
供水系统监测频率		每三个月监测一次		
供水系统中的抽样点位置		最长保留时间点或副产品水平		

表 C.2 三卤甲烷的监测

第 A 列 生产设施	第 B 列 服务人口规模	第 C 列 抽样频率	第 D 列 供水系统中抽样点位置		
			抽样检测点总数	系统入口点	最长保留时间点或副产品水平
地表水	不超过 1 000	每年两次，在 5 月至 10 月内完成	1		1
	1 000～10 000	每六周一次 12 月至 2 月 三个月仅一次	2	1	1
	10 000～50 000		3	1	2
	50 00～250 000		5	2	3
	250 000 以上		8	3	5
地下水或脱盐水	不超过 10 000	每年一次，在 6 月至 8 月内完成	1		1
	10 000～100 000	每六周一次 12 月至 2 月 三个月仅一次	3	1	2
	100 000 以上		4	1	3

表 C.2 附注：

- 检出浓度高于最高允许浓度的期限内，抽样频率应增加至每两周一次；
- 间歇性供应地下水和地表水的供水系统应被视为供应地表水的系统。

表 C.3　减少对三卤甲烷的监测

第 A 列 生产设施	第 B 列 服务人口规模	第 C 列 抽样频率	第 D 列 供水系统中抽样点位置		
			抽样检测点 总数	系统入口点	最长保留时间点 或副产品水平
地表水	不超过 1 000	每年两次，在 5 月 至 10 月内完成	1		1
	1 000～ 50 000	12 月至 2 月三个月 仅一次，剩余月份 每六周一次	2	1	1
	50 00～250 000		3	1	2
	250 000 以上		4	2	2
地下水或 脱盐水	不超过 10 000	每三年一次，在 6 月至 8 月内完成	1		1
	10 000～ 100 000	每年一次，在 6 月 至 8 月内完成	1		1
	100 000 以上	每年一次，在 6 月 至 8 月内完成	2	1	1

表 C.3 附注：

仅当一年内连续发现供水系统中所有抽样点处的三卤甲烷浓度均低于 0.05 mg/L 时，才能减少监测频率。

附录6

（第2条、第4（2）条、第18（a）和（c）条及第36（c）条）
脱盐过程的监测和质量指示

第A列 监测类型	第B列 抽样点	第C列 因素	第D列 计量单位	第E列 要求水平
持续监测	脱盐装置的出口	导电度	微西/厘米	95%的日测量值是操作值[1]，不超过操作值以上30%
	"硬化"出口	浊度	NTU	95%的日测量值在0.5及以下，不超过1.0
		酸碱性	pH	95%的日测量值在7.5～8.3之间，不超过8.5
抓样	"硬化"出口	水溶性钙	mg/L - CaCO$_3$	80～120[2]
		碱度	mg/L - CaCO$_3$	80及以上
		稳定值-CCPP[3]	mg/L - CaCO$_3$	3.0～10[3]
		稳定值-朗里格指数（LI）	单位	0及以上[4]

表格附注：

（1）就脱盐装置的操作而言，健康管理机构批准的操作值。

（2）从含盐水井中流出的脱盐水中，水溶性钙的浓度不应低于50 mg/L（按CaCO$_3$计），但是CCPP值应在约定浓度范围内，并且获得了健康管理机构的批准。

（3）碳酸钙沉淀势——一个量化指标，代表液体和固体达到平衡状态之前溶液中CaCO$_3$的沉淀势；利用液相中的下列指标值重复计算这一指标：总碱度、水溶性钙的浓度、水的EC、pH和温度；采用专为水中化学物质［例如，STASOF$_4$和（AWWA）（RTW模式）］设计的软件进行计算。

（4）对于向区域供水系统供水且日供水量不超过5 000 m³的小型盐水脱盐工厂而言，此项要求不是必要的。

2013年4月9日

官方希伯来语版经卫生部部长 YAEL GERMAN 签署

三、清洁空气法

（希伯来历 5768 年，公历 2008 年）

第一章　目的和解释

立法目的

1. 本法旨在改善空气质量，预防和减少空气污染。本法特别根据预防原则规定了禁令和义务，以保护人类生命、健康和生活质量，同时考虑公众和子孙后代的需求，目的是保护环境，包括自然资源、生态系统和生物多样性。

定义

2. 在本法中：

"空气"——包括包围地球的所有大气层；

"排放源业主"——包括下述任一人员，无论其是自己还是通过其代表建立、维护、经营或使用排放源；如果不是法人团体，则包括排放源的管理人：

（1）排放源的所有人；

（2）法律规定运营或使用排放源所需的执照或许可证的持有人，或有义务获得上述执照或许可证的人士。

"高级国防代理"

（1）在国防部及其下属单位中，是指国防部长为此目的而授权的部门主管或以上级别的国防部雇员；

（2）在主要负责国家安全的总理办公室机构及其下属单位中，是指总理为此目的而授权的部门主管或以上级别的总理办公室雇员或国防部雇员；

（3）在以色列国防军中，是指总参谋长为此目的而授权的上校或以上级别的军官。

"取样"——是指从排放源排出的材料、燃料或原材料中提取样本，测试样本，并单独记录其成分和特性；

"燃料"——是指通过燃烧或以其他可能会造成空气污染的方式用作能源生产来源的材料，包括原油或其他有机材料及其制品；

"建筑许可证"——是指《规划与建筑法》中定义的许可证，包括该法第 145（f）条所述的授权；

"排放许可证"——是指根据第四章第二条的规定颁发的排放源许可证；

"安全许可"——见《通用安全服务法》（希伯来历 5762 年，公历 2002 年）的定义；

"空气污染"——是指空气中存在污染物，包括存在超过空气质量值的污染物，或排放超过排放值的污染物；

"严重空气污染"——是指空气中的污染物超过警戒阈值，或可能危害公共健康卫生；

"消除损害法"——是指《消除损害法》（希伯来历 5721 年，公历 1961 年）；

"刑事诉讼法"——是指《刑事诉讼法》（合并版）（希伯来历 5742 年，公历 1982 年）；

"刑法"——是指《刑法》（希伯来历 5737 年，公历 1977 年）；

"商业许可法"——是指《商业许可法》（希伯来历 5728 年，公历 1968 年）；

"规划与建筑法"——是指《规划与建筑法》（希伯来历 5725 年，公历 1965 年）；

"最佳可用技术"——是指用于规划、建造、运行和维护排放源及其周边活动的最先进技术和其他手段，或者被添加至排放源以预防或减少空气污染的上述技术和手段，并满足以下所有条件：

（1）该技术和手段的实施能够预防或最大限度地减少排放源排放的空气污染物，同时最小化对总体环境的危害；

（2）该技术和手段处于开发阶段，从技术和经济的角度来看，在考虑上述技术和手段的优势和成本的基础上，可用于排放源或排放源周边的活动或同一领域的多个排放源或多项类似活动；

（3）合理可行，即便尚未在以色列实际实施。

"飞行器"——是指预期用于或已用于飞行用途的动力仪器或装置；

"船舶"——是指预期用于或已用于航行用途的动力仪器或装置；

"污染物"——包括以下各项：

（1）附件一中列出的物质；

（2）包含化学或生物材料的物质，以及上述物质的源头材料，其会导致或容易导致：

（a）危害或损害人类生命、健康或生活质量，危害或损害财产或环境，包括土壤、水、动植物；

（b）气候、天气或能见度的变化。

"监管员"——是指环保部空气质量局局长或其下属的环保部专业或行政雇员工，该雇员工由环保部部长根据空气质量局局长的建议授予本法部分或所有条款规定的权力；

"卫生部总干事"——包括根据本法的规定授权的国家雇员医师；

"国防机构"

（1）国防部及其下属单位；

（2）主要负责国家安全的总理办公室机构及其下属单位；

（3）以色列国防军；

（4）生产《国防企业法（保障国防利益）》（希伯来历 5766 年，公历 2006 年）所定义的国防装备的工厂和供应商，对于第（1）至（3）款所述的机构，由国防部长通知监管员，但上述通知仅适用于生产上述国防装备而产生的排放源。

"检查员"——是指根据第 42 条规定的授权人员；

"排放源"——是指固定或移动装置或装置系统（包括机器、仪器或物品）及地点，其活动或利用其手段开展的活动或程序（包括其参与会导致或容易导致污染物排入空气的活动或程序，但不包括导致或容易导致微量污染物排入空气的活动）会将污染物排入空气，或导致或容易导致污染物排入空气；

"需要许可证的排放源"——是指从事附件三所述任一活动的排放源，或使用附件三所述任一装置的排放源；

"移动排放源"——是指车辆类排放源或能够通过内燃机从一个地方移动到另一个地方的排放源，如附件二所述；

"固定排放源"——是指非移动排放源，包括下列各项：

（1）需要许可证的排放源；

（2）需要取得根据《商业许可法》颁发的许可证的排放源；

（3）附件四所述的排放源。

"部委"是指环境保护部；

"批准人"——见《商业许可法》第 6 条的定义；

"空气监测"——是指对空气中污染物的浓度或数量、或空气的其他性质进行系统化、连续性或周期性测量和记录；

"排放监测"——是指对排放源排出的污染物的浓度或数量或其他性质进行系统化、连续性或周期性测量和记录；

"空气质量值"——是指根据第 6 条规定确定的各项数值，包括目标值、环境空气质量值、警戒阈值和参考值；

"排放值"——是指在特定时间段内测定的允许以特定的速率，或本法或任何其他法律规定的其他方式从排放源排放的污染物或污染物组合的最高浓度或数量；

"排放"——是指导致空气中存在污染物的行为，包括通过蒸发、消散或直接或间接释放的方式使导致固体、液体和气体物质进入空气；

"基金"——是指清洁维护基金，定义见《清洁维护法》（希伯来历 5744 年，公历 1984 年）；

"机动车""机动车许可机构"——定义见《交通条例》；

"地方主管部门"——是指主要负责环境质量保护的市级、地方主管部门或城镇协会；

"空气监测站"——是指用于监测空气的测量仪器和辅助设备，包括发现设有此类测量仪器和辅助设备的固定或移动建筑或部分建筑；

"委员会"——是指以色列议会内政与环保委员会；

"部长"——是指环保部部长。

第二章　禁止严重或不合理的空气污染

禁止严重或不合理的空气污染

3.（a）任何人均不得造成严重或不合理的空气污染。

（b）在不损害第（a）小节中所述的一般性原则的情况下，下述任一情形应视为严重或不合理的空气污染：

（1）当超过第 6（a）（2）节规定的环境空气质量值时；

（2）当污染物违反本法的规定排入大气时。

禁止空气污染的规定

4.（a）根据本法的规定，由环保部部长制定规定来防止违反第 3 节条款的行为，包括下列事项的规定：

（1）严重或不合理空气污染的定义条款；

（2）为预防严重或不合理空气污染而采取的措施和手段。

（b）第（a）小节未做出的规定，不应视为允许造成严重或不合理的污染，如任何法规禁止的污染。

第三章　主管部门预防、减少和监测大气污染的行动

第一条　国家计划

预防和减少空气污染相关的国家计划

5.（a）在本法生效之日起一年内，政府应根据环保部部长的建议批准一项长期计划，以实现本法的目的，特别包括以下事项：

（1）该计划应考虑第 6（a）（1）节规定的目标值，制定一段时期内减少空气污染的国家和区域目标；

（2）实现第（1）款所述目标的方式和方法；

（3）政府各部委及各部部长在其管辖范围内实施该计划相关活动的规定。

（b）各部部长应在每年（不迟于 3 月 31 日）向政府报告其根据该计划的安排在报告期前一年开展的活动。

（c）环保部部长应将该计划提交给以色列议会内务环保委员会，并每年（不迟于

6 月 30 日）提交一份根据该计划在报告期前一年所开展活动的报告。

（d）政府应根据环保部部长或其他部长的建议，不时更新计划，至少每五年更新一次。

第二条　空气质量值和国家空气监测系统

空气质量值

6.（a）环保部部长应定期设定附录一所列空气污染物的最大值（以下简称"空气质量值"），具体如下：

（1）超过该数值会对人类生命、健康和生活质量、财产和环境（包括土壤、水、动植物）造成潜在危险或危害的数值；该数值应作为计划目标值（本法中简称为"目标值"）；目标值应作为设定国家计划目标的基础（定义见第 5 节）；

（2）超过该数值会造成严重或不合理的空气污染的数值；该数值应根据目标值和最新的科学技术知识设定，并考虑防止超过目标值的实际可能性（本法中简称为"环境空气质量值"）；

（3）超过该数值会在短期内导致或可能导致人类健康危险或危害的数值；需要立即采取措施来防止超过该数值或防止超过该数值所造成的损害（本法中简称为"警戒阈值"）。

（b）环保部部长有权

（1）设定不同时期和不同地区的空气质量值；

（2）设定其他类别的空气质量值；

（3）通过发布命令的形式在附录一中添加污染物。

（c）特别按照以色列加入的国际公约的规定设定空气质量值，同时特别考虑全球发达国家认可的空气质量值及国际组织（包括世界卫生组织）发布的相关建议和准则。

（d）环保部部长应不时审查更新其设定的空气质量值的必要性，频率为至少每五年一次。

（e）监管员有权规定附录一中所述材料之外的其他目标值（本法中简称为"参考值"）的准则；监管员应在环保部网站上及通过其确定的其他方式发布参考值。

空气质量的测量和评估

7.（a）环保部部长应命令建立和运行国家空气监测系统，其中应特别包括空气监测站（本法中简称为"国家系统"）；国家系统可根据环保部部长制定的优先顺序清单分阶段建立和运行。

（b）监管员应负责管理国家系统，并据此履行以下职责：

（1）收集、处理和记录空气监测站的空气监测数据；

（2）协调和集中空气监测活动；

（3）按照第8节的规定发布空气质量数据和空气质量预测；

（4）环保部部长规定的其他任务。

（c）环保部部长有权根据任何法律的规定，并在经内政部部长同意后，指示地方主管部门建立和运行空气监测站，并将其作为国家系统的组成部分。

（d）监管员有权指示附录三或附录四中所述的固定排放源业主或《商业许可法》规定需要申请许可的业主，建立和运行空气监测站，并将其作为国家系统的组成部分。

（e）若第（c）或（d）小节中所述的命令规定建立和运行的空气监测站为国防机构实际占有，则国防部长有权根据国家安全的特别需求来要求环保部部长重新考虑其发出的命令。

（f）环保部部长应制定建立和运行空气监测站，并将其作为国家系统的组成部分的相关规定，包括下列事项的规定：

（1）确定空气监测站的位置和分布标准，同时特别考虑区域气象模式、人口密度和排放源的集中程度；

（2）空气监测站开展空气监测的方式，包括用于实施监测的仪器和辅助设备；

（3）空气监测数据的记录和处理方式；

（4）向监管员报告和提交空气监测数据的方式，包括报告日期。

（g）作为国家系统组成部分的空气监测站的设立者或运行者应按照环保部部长根据本节条款制定的规定及监管员的指示采取行动。

空气质量数据和预测的发布

8.（a）监管员应根据国家系统收集的数据，定期在环保部网站及通过其确定的其他方式发布空气质量数据和空气质量预测，供公众免费访问数据。

（b）在咨询卫生部总干事后，监管员应制定严重空气污染公众警告程序和公众应对严重空气污染的方式。

（c）若监管员根据（b）节中所述的程序认定，某一地区出现或可能出现严重空

气污染，则监管员应通过电子通信媒体向公众发布警告，同时监管员有权

（1）在上述情况下，向公众发布有关应对方式的建议；

（2）若监管员认为严重空气污染有可能预防或减轻，则有权指示附录三或附录四中所述的排放源业主或《商业许可法》要求取得许可的排放源业主按照排放许可证规定的相关条款，或《商业许可法》规定的许可条件，或第 41 节中所述的指示（视情况而定）采取的合理措施，并以书面形式记录此类措施；

（3）若排放源由国防机构持有和经营，则必须在咨询有关高级国防代理后，方可发出第（2）款中所述的指示；

（4）指示地方主管部门的负责人按照第 12 节制订的行动计划的相关指示采取合理措施。

第三条　地方主管部门

地方主管部门预防和减少空气污染

9.（a）地方主管部门应当采取行动来预防和减少其管辖范围内造成的空气污染。

（b）地方主管部门在根据任何法规的规定行使权力时，应尽可能考虑第（a）小节规定的相关义务。

（c）本节的规定不得减损地方主管部门应尽的义务或地方主管部门根据任何法律授权规定的义务。

地方法规

10. 地方主管部门有权通过地方法规的形式规定有关预防和减轻其辖区范围内空气污染的特殊条款，同时应考虑当地及居民的特殊情况；根据《市政条例》第 258 节及《地方议会条例》第 22 节授予内政部部长权力时，还应同时授予其制定上述地方法规的权力。

空气污染影响区域的公布

11.（a）若环保部部长认定某个区域持续或频繁超出环境值，或者存在严重空气污染，则环保部部长有权通过发布命令的形式公布该区域为空气污染影响区域（本法中简称为"空气污染影响区域"），环保部部长还应将相关情况告知空气污染影响区域的相关地方主管部门（本法中简称为"空气污染影响区域的主管部门"）；在公布空气污染影响区域时，应基于对公众健康或环境的损害程度，同时还应先由环保部部长提

出要求，并咨询卫生部总干事的意见。

（b）第（a）小节中所述的公布空气污染影响区域的有效期不得超过两年，但若环保部部长认为导致公布空气污染影响区域的情况持续存在，则环保部部长有权不定时延长其有效期。

（c）若环保部部长认为导致公布空气污染影响区域的情况不再存在，则其有权取消上述命令，并发布第（a）小节中所述的通知。

空气污染影响区域相关的措施

12.（a）若环保部部长公布某个区域为空气污染影响区域，且该空气污染影响区域的人口登记册中登记的居民人数超过 3 万人，则该区域的主管部门应根据授权制订的其辖区范围内的行动计划来采取措施，以改善空气质量，防止再次出现超出环境空气质量值的情况（视情况而定）；上述计划应包括主管部门辖区范围内的交通管理和规范条款，此类条款应根据《交通条例》第 77A 节的规定制定，并根据情况做出必要的修改。

（b）若环保部部长认为空气污染影响区域的空气污染情况有所改善，特别是当造成地方主管部门辖区范围内空气污染的污染源处于空气污染影响区域之外时，则应在第 11（a）节中所述的命令中列明该情况，并将其告知地方主管部门，同时将其用于在第（a）小节的条款，并根据情况做出必要的修改。

（c）若环保部部长认为第（a）小节中所述的空气污染影响区域的措施需要大都市区的地方主管部门相互合作，则应在第 11（a）节中所述的命令中列明，并将其告知大都市区的地方主管部门；大都市区的地方主管部门应制订第（a）小节中所述的联合活动计划；在本小节中，"大都市区"是指多个地方主管部门的边界存在交叉或存在共同城市地区的区域。

（d）（1）根据本节规定制订的行动计划应特别包含在行动计划所述期限内改善空气质量的目标，防止再次出现超出环境空气质量值的情况或阻止超出环境空气质量值，防止再次出现严重空气污染，以及达成上述目标的方式和方法。

（2）若环保部部长在根据第 11（a）节颁布的命令中认定，空气污染影响区域的空气污染主要源于交通，则地方主管部门必须制订上述第（a）至（c）小节中所述的计划，此类计划应包括管理和规范其辖区内交通情况的条款。

（e）行动计划应在公布空气污染影响区域后六个月内提交环保部部长批准，环保部部长有权批准或有条件批准。

（f）若环保部部长批准了本节中所述的行动计划，则该行动计划适用的地方主管部门应在其权力范围内以及规定期限内执行该计划。

（g）若根据本节规定须提交的行动计划未提交或未获批准，或者该行动计划的实质性规定在获得批准后未执行，则环保部部长有权在与内政部长协商后，指示地方主管部门采取步骤和措施来减少其辖区范围内的空气污染。

第四章　固定排放源

第一条　一般规定

预防和减少固定排放源造成的空气污染的规定

13.（a）环保部部长应在经委员会批准后，制定预防和减少固定排放源造成的空气污染的相关规定；上述规定可以是基于固定排放源类型的一般规定，也可以是针对多个固定排放源的具体事项规定。

（b）环保部部长应不定时根据科技发展情况评估更新上述规定的必要性。

固定排放源的限制和禁止规定

14.（a）任何人均只能按照第 13 节规定的指示的要求（视情况而定）采取以下任一行动：

（1）生产、进口或销售在以色列使用的固定排放源；

（2）运行或使用固定排放源。

（b）若《商业许可法》规定了本法中所述的固定排放源运营所需的许可证或临时许可证，则应视为符合本法及根据本法制定的相关规定的要求。

监测和抽样

15.（a）排放许可证的持有人、附录四中所述的排放源业主或《商业许可法》要求获得许可证的排放源的业主，应按照第 41 节条款中所述的排放许可证规定的条件或《商业许可法》中营业许可证或临时许可证规定的条件（视情况而定），进行排放监测和抽样，以测量该排放源的污染物排放情况，同时开展第 7（d）节中所述的监测；监测或抽样数据应按照监管员规定的方式和时间提交给监管员、城镇协会或第 18（d）节中所述的环境机构。

（b）监管员应定期在环保部网站上向公众公布按照第（a）小节规定提交的监测和抽样数据，同时监管员可对数据进行编辑，并在报告中公布。

（c）尽管有第（a）和（b）小节条款的规定，由第 21（d）（1）节中所述的国防机构持有或经营的排放源的排放监测和抽样数据仍不得公布，亦不得提交城镇协会或环境机构，而应按照本节条款的规定提交监管员或为此目的授权的人员，此类授权人员应持有适当的国防许可。

（d）环保部部长有权制定本节中所述排放监测或抽样的相关规定，并以报告形式将此类规定提交监管员，并注明报告日期。

记录和报告

16.（a）排放许可证的持有人、附录四中所述的排放源业主或《商业许可法》要求获得许可证的排放源业主，应按照排放许可证规定的条件、第 41 节的规定或《商业许可法》中营业许可证或临时许可证规定的条件（视情况而定），保存排放源的完整和详细记录，包括根据第 15 节规定开展的监测和抽样的结果，同时应至少每年向监管员报告一次，报告时间不得迟于 12 月 15 日或监管员规定的其他日期。

（b）第（a）小节中所述的排放源业主应允许监管员和检查员在正常营业时间查看其根据第（a）小节规定所做的记录，并在监管员和检查员要求时，向监管员和检查员提交此类记录的副本。

第二条　需要获得排放许可证的排放源

17.（a）在获得有效的排放许可证并符合其条件规定之前，任何人均不得安装、运行或使用有许可证要求的排放源，亦不得允许他人安装、运行或使用。

（b）排放许可证可授予需要许可证的多个排放源，但这些排放源应位于同一地点；上述排放许可证亦可授予同一地点的其他排放源，即使该排放源不需要许可证。

（c）经委员会批准后，环保部部长有权以发布命令的形式对附录三予以更改。

排放许可证的申请

18.（a）排放许可证申请（在本条中简称为"申请"）应提交监管员，并包括第（b）小节规定的详细信息。

（b）（1）环保部部长应规定申请中须涵盖的详细信息要求，包括以下事项的相关规定：

①有关排放源业主的详细信息；

②排放源、其组成部分和相关活动的说明信息；

③排放源使用的材料和产物的类型和数量，包括燃料和其他能源，以及使用材料及其副产品的方式；

④排放源预期排放的污染物的详细信息、其类型和数量，包括不同运行条件和非常规运行条件下的污染物（包括开启和关闭设备、泄漏、临时停止和中止活动）及其对环境的预期影响；

⑤排放源为预防或最大限度地减少排放源造成的空气污染而使用的最佳可行技术及其选择的考虑因素，同时特别考虑其相对于其他技术的环境优势和成本；

⑥为预防或减少排放源造成的空气污染而采取的其他措施；

⑦排放源的业主或其代表人为监督和控制排放源排放的污染物而采取的措施；

⑧由于采取预防和减少空气污染相关的措施而对环境造成的不利影响的一般环境描述和规范。

（2）除了第（1）款的规定外，环保部部长还有权规定以下事项：

①申请应附带的文件和专业意见，及其提交方式；

②分阶段提交申请，但不得超过三个阶段；环保部部长在经委员会批准后，有权更改本节和第 20 节的规定，第 21 节适用于上述申请。

（c）（1）监管员有权要求申请人提交其认为对申请做出决定所需的额外资料和详细信息。

（2）若申请人提交的信息将《规划与建筑法》定义的环境影响报告（在本法中简称为"环境影响报告"）作为该申请的附件，并且相应排放源的报告在提交申请之日起两年内编制，或者虽然该环境影响报告的时间早于上述期限，但监管员认为报告中的数据仍然是最新的，而且当前情况没有发生可能影响对该报告的决定的变化，则监管员有权免除申请人应根据第（b）小节要求提交的部分或所有信息。

（d）申请人在向监管员提交申请时，应同时提交所有附带文件，或者在向城镇协会提交申请后将所有附带文件提交给监管员（第 21（d）（1）节规定无须发布的信息除外），该城镇协会的主要职责是保护环境及管理申请所在区域的排放源，若无此类城镇协会，则提交给地方主管部门辖区范围内的环境单位；上述机构在收到申请或上述文件后，应在收到之日起 90 日内提交给监管员，并附带其对申请的意见；在本节中，"地方主管部门的环境单位"是指环保部部长根据地方主管部门的要求批准的地方主管部门下属的环境质量部门或单位。

（e）由国防机构持有和运营的排放源的申请，应提交监管员或其授权的人员，但其必须持有适当的安全许可，并根据主管官员［定义见《公共机构安全法》（希伯来历5758年，公历1988年）］的指示确保安全。

授予排放许可证的规则和标准

19.（a）环保部部长应制定授予一般或特定类别排放源排放许可证的规则和标准。

（b）第（a）小节中所述的标准应特别包括确定最佳可行技术的规定，并据此设定排放许可证的条件，并考虑以下事项：

（1）使用低风险材料；

（2）在以色列或其他国家/地区的工业部门成功试验的类似流程、装置或工作方法；

（3）发展科学技术知识；

（4）排放污染物的数量、浓度、特征和影响；

（5）在现有和新设施中安装和装配技术及其他方法所需的时间；

（6）原材料的消耗和特性以及能源利用效率；

（7）降低所有排放对环境的整体影响，并降低其风险；

（8）预防事故和特殊排放事件，并尽量减少其影响；

（9）预防或最大限度减少污染物排放相关措施的成本效益。

（c）在制定上述规定时应特别考虑发达国家的公认做法及国际组织（包括欧盟）就此类事项发布的相关建议和准则。

（d）环保部部长应不时考虑是否应根据科技发展情况更新本节的规定。

关于排放许可证申请的决定

20.（a）在收到排放许可证申请后，监管员应考虑是否授予排放许可证、授予排放许可证的附加条件或拒绝授予排放许可证。

（b）在考虑排放许可证申请时，监管员应特别考虑以下事项：

（1）在授予许可证后，环境空气质量值是否会超标，以及该排放源排放的污染物对达到目标值或参考值的预期影响；

（2）空气污染地区存在的排放源；

（3）是否存在预防和减少空气污染措施相关的行动计划，申请人使用最佳可行技术的行动计划，以及申请人遵守上述计划要求的能力；

（4）在授予许可证后，是否符合第 5 节中所述的国家计划的目标的要求。

（c）（1）在申请人根据本法条款的要求提交申请及相关详细信息后，监管员应在提交申请之日起六个月内做出第（a）小节中所述的决定；在特殊情况下，并在发布合理的书面通知后，若监管员认为因申请的情况复杂而需要延长期限，则其有权将上述期限延长三个月；本小节的规定不适用于按照第（18）（2）（b）节的规定可分阶段提交的申请。

（2）若监管员根据第 18（c）节的规定，要求申请人提交额外资料和详细信息，则提交上述资料和详细信息的时间不计入第（1）款中所述的期限。

（d）若监管员决定考虑授予排放许可证或者授予附带条件的排放许可证，则监管员应编制许可证草案，并执行第 21 节规定的程序，同时监管员亦有权在执行上述程序后，拒绝授予排放许可证，推迟授予排放许可证的日期，或更改上述许可证草案中规定的条件。

（e）若监管员决定考虑拒绝授予排放许可证，则监管员在对该申请做出决定之前，必须给予申请人提交申辩理由的机会；若根据第 21（f）节的规定进行审议，则应视为已给予申请人上述机会。

（f）若申请许可证的排放源并非合法运行的排放源，或授予的建筑许可证于 2010 年 1 月 1 日到期，且上述排放源位于空气污染影响区域的辖区范围，则监管员仅在特殊情况下才可授予排放许可证，并进行记录。

（g）若申请是按照第 18（b）（2）（b）的规定分阶段提交，则监管员可在提交申请的各阶段结束时做出临时决定；本节的规定适用于上述临时决定。

公众参与

21.（a）排放许可证申请及其附带的所有文件，以及在提交申请后向监管员提交的所有相关额外文件（包括第 18（d）条中所述的转交给监管员的意见）应在环保部网站上公布，并自提交之日起在监管员办公室进行公开审查；在进行上述公布时，应注明是否存在决定不公布的信息，并根据第（d）（1）或（2）小节（视情况而定）的规定说明原因，除非高级国防代理认为，注明存在根据第（d）（1）的规定决定不公布的信息可能会危害国家安全。

（b）若监管员按照第 20（c）（1）节的规定告知申请人，其正在考虑授予排放许可证或授予附带条件的排放许可证，则监管员应在广泛发行的日报上发布相关通知，该通知的持续时间为计划授予许可证之日起 100 天；上述发布的通知应列明审查申请文件的方式、排放许可证草案以及任何人根据本节规定提交关于该排放许可证草案相关意见的方式和时间。

（c）排放许可证草案应在环保部网站上公布，并在发布第（b）小节中所述通知之日起在监管员办公室进行公开审查；该通知应说明是否存在决定不公布的信息，并根据第（d）（1）或（2）小节（视情况而定）的规定说明原因，除非高级国防代理认为，注明存在根据第（d）（1）的规定决定不公布的信息可能会危害国家安全。

（d）（1）监管员不得公布任何可能危害国家安全的详细信息，并由高级国防代理签字证明披露此类信息可能造成上述危害；《信息自由法》（希伯来历 5758 年，公历 1998 年）第 10 节和第 11 节的规定应适用于高级国防代理的决定及上述信息的发布，并根据情况做出必要的修改，但上述法律第 11 节关于"不披露未公布的事实"的规定不适用。

（2）①若申请人在提出申请时说明，披露其申请中的某些详细信息可能会泄露商业机密，并提交了相关的证明报告，同时监管员认为公布和公开审查申请或排放许可证草案中的此类详细情况会泄露上述商业机密，则监管员有权以合理的书面决定不公布和公开审查；《信息自由法》（希伯来历 5758 年，公历 1998 年）第 10 节和第 11 节的规定应适用于发布上述信息相关的决定，并根据情况做出必要的修改。

②为了调查第（a）小节中所述的申辩理由，监管员有权获得顾问或专家的协助，无论其是否为国家雇员；监管员按照本款规定调查申辩理由所产生的费用应由申请人承担。

③在本款中，"商业机密"的定义见《商业侵权法》（希伯来历 5759 年，公历 1999 年）第 5 节，但排放源业主、排放源排放的或预期排放的污染物的类型、数量、浓度及排放速率等相关的详细信息在任何情况下均不得视为商业机密。

（e）任何人均可在第（b）小节中所述的通知发布后 45 天内向监管员提交关于排放许可证草案的意见；提交的此类建议亦应在环保部网站上公布。

（f）监管员在授予排放许可证之前，必须对第（e）小节中所述的意见进行讨论，并在公开听证会上讨论相关意见，邀请申请人和提交意见的人参与听证会，监管员有权根据向其提交的意见，拒绝授予排放许可证，推迟授予排放许可证的日期，或更改上述许可证中规定的条件；若监管员认为申请人向其提交的申辩理由与先前提交的重复、不合理或看似非常麻烦或无理纠缠，则监管员有权不讨论向其提交的申辩理由。

（g）第（e）和（f）小节的规定不适用于向由国防机构维护和运营的排放源授予排放许可证。

（h）环保部部长有权制定执行本节中所述的程序、提交意见及讨论意见相关的其他规定。

排放许可证及其条件

22.（a）监管员有权签发有条件的排放许可证，或者规定在授予许可证之前必须满足的条件，以确保满足本法规定的目标。

（b）在不减损第（a）小节规定的一般性原则的情况下，监管员应在排放许可证中规定以下事项相关的条款：

（1）排放源的污染物排放值，特别是附录五规定的污染物或污染物类别的排放值，或者若监管员认为无法确定排放值，则为限制排放源的污染物排放量的其他规定；

（2）防止超出排放值，阻止超标行为，防止其再次发生；

（3）排放监测、抽样和报告义务，包括执行的方式和时间以及收集、处理、记录和评估数据的方式；

（4）将信息转交监管员的义务。

（c）在不减损第（a）小节规定的一般性原则的情况下，并根据排放源实施的活动情况，监管员应在排放许可证中规定以下事项相关的条款：

（1）通过烟囱以外的方式预防和减少污染物的排放；

（2）预防和减少非常规排放和事故，以及其处理方式；

（3）材料的使用限制，包括燃料类型；

（4）在发出严重空气污染警告时，采取第8（c）（2）节中所述的措施；

（5）在排放许可证相关活动开始之前及结束之后应满足的条件；

（6）开启和关闭设备、泄漏、临时停止和中止运行的限制条件；

（7）对环境中的空气进行监测、抽样和报告的义务，包括执行的方式和时间以及收集、处理、记录和评估数据的方式；

（8）对排放源或其任何部分进行适当的维护。

（d）排放许可证的条件应根据最佳可行技术确定，同时考虑排放源的技术特点、其地理位置和当地环境条件；然而，监管员有权规定其他条件（包括最佳可行技术的严格条件）来预防和减少长期或频繁超出环境空气质量值或参考值的情况。

（e）在转让排放许可证之前必须经过监管员的事先书面批准。

（f）若排放源的污染物排放在成文法中有规定（包括根据第 13 节制定的规定，不包括《规划与建筑法》中定义的计划），则排放许可证中不应制定更严格的规定（特殊原因除外），此类规定应传达给排放许可证的持有人。

（g）若排放许可证已获得批准，则应按照第 21（d）节的规定在环保部网站上公布许可证的全文，并在监管员办公室和排放许可证持有人的办公室进行公开审查。

规划和建筑有关的规定

23.　（a）在本节中，"规划机构""计划""详细计划""国家总体计划""地区委员会""环境顾问"的定义见《规划与建筑法》。

（b）若有人向规划机构提交了包含详细计划条款的计划，包括允许将建筑或土地用于建造或运行需要许可证的排放源（在本节中简称"需要许可证的设施计划"），或者规划机构决定制订上述总体计划，则应在提交计划时或做出编制该计划的决定时（视情况而定），以书面情况告知监管员。

（c）监管员应向决定制定需要许可证的设施计划的规划机构建议，是否需要根据本节的规定制订计划和排放许可证申请的联合讨论程序（在本法中简称为"联合程序"）。

（d）若规划机构决定制定联合程序，则下述条款应适用，尽管《规划与建筑法》和本法有规定：

（1）计划的提交人或计划相关排放源的业主应提交排放许可证申请，同时第 18 节的规定［包括第 18（c）节中所述的监管员的要求］应作为编制空气质量环境影响报告的准则；规划机构有权规定编制上述报告的额外准则；

（2）需要许可证的设施计划应编制相关的环境影响报告；排放许可证申请应作为上述报告的空气质量章节；

（3）环境顾问对环境影响报告中空气质量章节的意见应包括第 20 节中所述的监管员的决定，并根据情况做出必要的修改，同时应在第 20 节规定的日期之日起 7 天内提交规划机构；

（4）规划机构应在讨论环境顾问对环境影响报告的意见后，决定将需要许可证的设施计划提交给或转交给地区委员会（视情况而定），以征求他们的意见；

（5）若规划机构决定将该计划提交给或转交给地区委员会（视情况而定），以征求他们的意见，则以下规定应适用：

①第21（b）节的规定不适用，但将该计划提交给或转交给地区委员会（视情况而定）的通知应包含上述条款规定必须在报纸上发布的通知的详细信息；

②提出计划的反对意见或批评的时间及提交排放许可证草案意见的时间应根据《规划与建筑法》或本法的规定设定（以较晚者为准）；

③提出计划的反对意见或批评及提交排放许可证草案意见的公开听证会应同时举行；规划机构应对该计划做出决定，监管员对排放许可证的申请做出决定；环保部部长和内政部部长有权规定规划机构和监管员根据《规划与建筑法》的规定提出反对意见或批评及根据本法的规定提出意见的讨论程序相关的规定；

（6）《规划与建筑法》的规定应继续适用于需要许可证的设备计划，本法的规定应继续适用于本节未明确规定的排放许可证申请相关的任何其他事项。

（e）若规划机构决定不执行联合程序，则《规划与建筑法》的规定应适用于需要许可证的设备计划的相关事项，而本法的规定应适用于排放许可证申请相关的事项；然而——

（1）在规划机构决定将需要许可证的设施计划提交或将需要许可证的设施的国家总体计划（包括国家基础设施计划）转交给地区委员会（视情况而定），监管员应在规划机构提出要求之日起九十天内，向规划机构提出本法相关事项的意见；

（2）若监管员决定更改其授予排放许可证的决定，拒绝发放排放许可证或更改排放许可证的附加条件，则环境顾问应将其告知规划机构，以讨论需要许可证的设施计划。

（f）若监管员拒绝向需要许可证的设施计划授予排放许可证，则规划机构不得批准该计划；若监管员决定授予许可证的条件与排放许可证规定的条件有所不同，则规划机构不得批准该需要许可证的设施计划，特殊情况除外，但应进行记录。

其他法令规定的执照或许可证的条件

24.（a）若需要许可证的排放源所在的建筑需要建筑许可证，则在提交排放源许可证申请之后，方可授予建筑许可证；

（b）（1）若企业需要根据《商业许可法》的规定获得排放源许可证，则只有在收到排放源许可证后方可被授予执照或临时许可证；

（2）若第（1）款中所述的企业获得了排放源许可证，则排放源许可证中规定的条款应视为根据《商业许可法》的规定授予的执照或临时许可证的条件及预防或减少空气污染相关事项的条件，而上述执照或临时许可证或《商业许可法》规定的初步审批中不得规定不同的条件。

（c）若根据本法的规定授予排放许可证，则第 12 节中所述的行动计划不得包括与上述排放源有关的规定；若在授予排放许可证之前已制定了上述规定，则由排放许可证的规定取代，排放许可证中应规定所有此类条件。

许可证的有效期及其续期

25．（a）排放许可证的有效期为七年。

（b）排放许可证的续期申请应至少提前一年提交，且不得迟于许可证有效期期满前十八个月；环保部部长有权设定提交排放许可证续期申请的其他时间。

（c）尽管第（a）小节有规定，若排放许可证续期申请已按照第（b）小节的规定提交，且提交时间在排放许可证有效期期满之前，而监管员决定不拒绝该许可证的续期，则该许可证在监管员做出决定之前或许可证的有效期期满后四个月内（以较早者为准）持续有效。

（d）第 18 至 22 节的规定应适用于排放许可证的续期申请，并根据情况做出必要的修改，但若监管员在特别考虑申请延期的许可证之前发布的数据发生了变化，并合理认为当前情况不适用于第 21（e）和（f）节的全部或任何部分条款，则监管员有权规定其不适用。

排放许可证条件的变更

26．（a）根据本节的规定，监管员有权在任何时候主动或应排放许可证持有人的要求补充、更改或删减排放许可证的条件；若监管员决定更改排放许可证的条件，则应按照上述第 22（g）节中最适用于该排放许可证的规定公布其决定。

（b）监管员不得对排放许可证中与最佳可行技术有关的条件进行任何实质性更改，除非监管员认为环境空气质量值或参考值持续或频繁超标，或预期可能超标，更改后能够预防或减少空气污染，或者监管员认为更改事项对实现本法的目标至关重要。

（c）监管员在对排放许可证做出变更之前，必须给予排放许可证持有人提交申辩理由的机会。

（d）第 21 节的规定应适用于排放许可证条件的任何变更，并根据情况做出必要的修改，变更事项包括放宽第 22（b）（1）节规定的排放值或排放许可证条件的其他实质性变更，监管员有权更改第 21 节规定的发布方式和发布时间，同时监管员还有权根据实际情况决定以非公开方式讨论向其提交的意见。

实质性业务变更

27.（a）排放许可证的持有人不得自行或通过其他人对排放许可证对应的排放源进行任何变更，不得因变更排放源的运营方式（包括排放源使用的原材料）而导致排放源排放的污染物与排放值存在实质性差异或导致与排放许可证规定的其他限制条件出现明显偏差；在收到监管员的书面批准之前，排放许可证的持有人不得增加或扩大排放源中的任何设备［第（c）小节规定的增加事项除外］（在本法中简称"实质性业务变更"）；监管员有权按照规定批准、拒绝相关申请或附带条件批准。

（b）第 18 至 22 节的规定应适用于实质性业务变更的申请，并根据情况做出必要的修改。

（c）若现有排放源需要排放许可证，则在其基础上增加的排放源亦需要排放许可证。

排放许可证的取消或吊销

28.（a）监管员在给予排放许可证的持有人提交申辩理由的机会后，若监管员认为存在下列任一情形，则监管员有权随时取消或吊销排放许可证：

（1）排放许可证的获批基于虚假或误导性信息；

（2）排放许可证的持有人违反了本法的规定或排放许可证的条件；

（3）排放源的运营导致环境空气质量值持续或频繁超标。

（b）若因排放源的故障导致需要根据第（a）小节的规定取消或吊销排放许可证，则监管员应先将过失行为告知排放许可持有人，若排放许可持有人未在监管员规定的时间内按照监管员规定的方式修复故障，则监管员应取消或吊销该排放许可证。

（c）监管员根据本节规定做出的决定应在环保部网站上公布，并根据第 21（d）（1）节的规定在监管员办公室进行公开审查。

国防机构的适用性限制

29.（a）对于由国防机构持有和运营的需要许可证的排放源，总理或国防部长（视情况而定）在与环保部部长协商后，有权允许在其规定的特定期限内完成必要的国防活动，但授权的时间不得超过完成必要的国防活动所需的时间，此类事项包括：

（1）在没有获得许可证的情况下运营排放源，但应及时提交排放许可证申请；若根据本款的规定授予了许可证，则第 24（a）节的规定在有效期内不适用；

（2）偏离排放许可证中规定的条件；

（3）在未经监管员批准的情况下做出重大业务变更，但应及时提交上述活动的批准申请。

（b）第（a）小节中所述的许可证的期限不得超过 90 天，延长期亦不超过 90 天。

（c）重大国防活动应尽可能按照本法条款及国防机构与监管员协商确定的规则，获得第（a）小节中所述的许可证。

（d）在本节中，"重大国防活动"是指由总理或国防部长（视情况而定）确定为重大活动，并由"国防机构"中定义的机构开展的活动，若停止、减少或其他干涉此类活动可能会对国家安全造成重大威胁，必须确保此类活动的实施。

第三条　需要许可证的排放源的费用和税费

费用

30.（a）为了资助环保部开展本法条款规定的活动、环保部的执法活动及国家制度的运行，环保部在经财政部部长同意并经委员会批准后，有权设定提交排放许可证申请和重大业务变更申请的费用。

（b）环保部部长有权根据第（a）小节规定相关费用的费率、付款方式和时间、连带原则及征收方式等。

空气污染物的排放费

31.（a）经财政部部长同意并经委员会批准后，环保部部长应设定向排放许可证持有人征收的污染物排放费。

（b）根据第（a）小节的规定，环保部部长有权规定排放费的费率、付款方式和时间、连带原则、征收方式、拖欠利息和征收成本等；排放费的费率应特别考虑排放源排放的污染物的类型、数量及其对环境的影响程度；环保部部长还有权规定减免本节中所述排放费、退还征收的费用、提高付款效率或减少空气污染物排放的相关条款。

（c）本节规定支付的费用应作为排放许可证有效性的条件。

（d）根据本节做出的规定不得减损《城镇协会法》（希伯来历 5715 年，公历 1955 年）相关地方法规中关于"排放监测或空气监测费用"的规定，但环保部部长在设定本节中所述的费用时应特别考虑地方法规和《城镇协会法》中规定的费用。

第四条　《商业许可法》规定需要许可证的固定排放源

《商业许可法》规定的批准细则和标准

32.（a）经委员会批准后，环保部部长应制定相关的规则和标准，排放源所在地或运营地的许可证授予机构应据此批准许可证申请或根据《商业许可法》的规定制定需要许可证的企业的条件，以预防和减少空气污染，包括确定排放值；环保部部长还应规定第 22（b）（2）至（4）和（c）节中所述事项的相关条款。

（b）在制定第（a）小节中所述的规则和标准时，应特别考虑各发达国家公认的做法、欧盟和经合组织（OECD）发布的建议和准则及以色列关于此类事项的规定，从而以尽可能最好的方式实现本法规定的目标。

（c）环保部部长应不定时根据科技发展情况审查是否需要更新本节条款的规定，并应遵守《商业许可法》的规定。

有许可证要求的企业的批准条件

33.（a）批准机构在按照第 32（a）节的规定考虑是否批准或规定条件时，应特别考虑第 20（b）节中所述的事项。

（b）除了本法规定的条件外，批准机构还有权规定第 32（a）中所述的批准企业的补充条件；若出于特殊原因，或环境空气质量值或参考值持续或反复超标，则批准机构有权按照《商业许可法》的规定设定更严格的条件。

（c）在根据第 32（a）节的规定批准企业申请后，应按照第 21（d）（1）节的规定在环保部网站上公布批准的条件。

授予许可证的前提条件

34.（a）排放源所在地或运营地的批准机构有权向根据《商业许可法》的规定需要许可证的企业发出指示，甚至在批准机构按照《商业许可法》的规定授予执照或临时证书之前，第 32 节和第 33 节的规定应适用于此类事项，并根据情况做出必要的修改。

（b）第（a）小节中所述指示的接收人必须按照指示行事，如同这些指示亦是按照《商业许可法》的规定授予的执照或临时证书的条件，违反此类指示的行为应视为违反按照《商业许可法》的规定授予的执照或临时证书的规定。

（c）根据本节规定发出的指示不得视为免除任何人履行《商业许可法》全部或部分规定的义务。

第五章　移动排放源

预防和减少移动排放源造成的空气污染的规定

35.（a）环保部部长应制定预防和减少移动排放源空气污染的规定，包括排放值的规定、测量和检查污染物排放的方法、记录结果并报告；上述规定可以是基于移动排放源类型的一般规定，也可以是针对多个移动排放源的具体事项规定。

（b）第（a）小节中所述的规则应特别按照以色列加入的国际公约制定，同时特别考虑发达国家公认的移动排放源的排放值及国际组织（包括欧盟）发布的相关建议和准则。

（c）环保部部长应不定时根据科技发展情况评估更新移动排放源污染物排放相关规定的必要性。

（d）第（a）小节中所述的规则应在咨询交通和道路安全部部长后制定，以下情形除外：

（1）以色列国防军的军用飞机、船只和作战车辆有关的规定应在与国防部部长协商后制定；在本节中："军用飞机"见《航空（犯罪和管辖权）法》（希伯来历 5731 年，公历 1971 年）的定义，"作战车辆"是指以色列国防军的机动车，由国防部部长予以决定，并经委员会批准；

（2）以色列警察部队的飞机和船只有关的规定也应在与国内安全部部长协商后制定；

（3）交通和道路安全部职责范围之外的移动排放源活动相关的规定应在与交通和道路安全部部长进行其职责范围内的协商后制定。

（e）在与有关部长协商后，环保部部长有权通过发布命令的方式在附录二中增加移动排放源。

移动排放源的限制和禁止规定

36.（a）任何人均只能按照第35节的规定（视情况而定）采取以下任一行动：

（1）生产、出售、进口或销售移动排放源；

（2）运行或使用移动排放源。

（b）对于第35节规定不适用的移动排放源，若其不是以占有的方式出售，或命令仅要求对其进行报废处理并回收材料，则第（a）小节的规定不适用于此类移动排放源的出售。

机动车辆的规定

37.（a）在不违反第35节规定的情况下，任何许可机构或任何授权人均不得登记机动车辆，不得向其授予许可证或进行任何续期，除非其符合本法的规定；在根据《交通条例》的规定检查机动车辆、接收车辆牌照或续期时（在本节中简称"机动车试验"），应根据排放值计量和记录车辆的排放量；环保部部长在咨询交通和道路安全部部长后，有权规定进行机动车试验、记录结果和报告结果的方式。

（b）环保部部长应在与国家基础设施部部长和交通、道路安全部部长协商后，按照机动车预期的空气污染影响制定机动车辆的分类和标记规则。

在广告中披露机动车的空气污染情况

38.（a）在本节中

"广告"是指以书面形式、印刷品或视觉电子媒体的形式向公众发布或供公众使用的广告；

"新车辆"是指尚未登记或尚未根据《交通条例》的规定签发车辆牌照的机动车；

"机动车"是指《交通条例》中定义的机动车辆，包括商业车辆、工作车辆和摩托车，最大许可重量不得超过3 500千克。

（b）任何新车出售或销售专业人员均不得发布任何新车广告，除非广告机构在通知中指明以下事项：

（1）空气污染等级，根据广告中机动车运行时的污染物排放确定，包括广告中车辆的类型，由环保部部长规定每种污染物的公认计量单位；在本款中，"污染物"包括以下各项：二氧化碳（CO_2）、一氧化碳（CO）、氮氧化物（NO_x）、碳氢化合物（HC）、可吸入颗粒物（PM）以及环保部部长指定的任何其他污染物；

（2）关于车辆燃油消耗量的数据，以每百公里的升数计算。

（c）在发布新车广告时，应视为由制造商发布，若为进口车，则视为由进口商发布，或者按照进口商的指示发布，除非其能够提供相反的证明，但若以色列境外广播或发布的广告并非主要针对以色列的公众，则不得视为违反本法的规定。

（d）在新车出售或销售业务中，须在明显可见的地方以明显清晰的颜色和尺寸发布通知，列明第（b）小节中所述的详细信息。

（e）在广告中，第（b）小节中所述的通知如下：

（1）以书面或印刷形式，至少占广告总面积的 7%；

（2）在作为法定监管广播组成部分的电视广播中，应按照监管机构（在本节中简称为"监管机构"）制定的电视广播规则，以明显清晰的颜色和尺寸发布；

（3）通过其他视觉电子媒体，则在屏幕的一个角落，在广告的整个长度中，以明显清晰的颜色和尺寸发布；

（4）在符合以下所有条件的情况下，则第（2）和（3）款中所述的广告中可不包括第（b）小节中所述的详细信息：

①注明了广告方的网址，并在该网址上发布了详细信息；

②按照相关规定的要求，以颜色或符号的形式注明了广告中车辆的污染等级。

（f）环保部部长在与交通和道路安全部部长协商后，并经过以色列议会经济事务委员会的批准后，有权制定本节相关的规定，包括以下事项：

（1）污染等级及第（b）（1）和（d）小节规定的展示方式，包括在广告中表明污染等级的颜色或符号；

（2）发布第（b）（2）和（d）小节中所述信息的标准计量单位；

（3）广告的大小、位置、形式和颜色，以及广告中字体的大小和形式；

（4）第（b）小节规定机动车广告中必须包含的其他详细信息。

（g）经以色列议会经济事务委员会批准后，监管机构有权制定本节中所述的规则，此类规则应符合环保部部长根据第（f）小节的规定制定的条款，并根据情况做出必要的修改。

第六章　燃油

关于燃料的规定

39.（a）在咨询国家基础设施部部长后，环保部部长应制定关于燃油和燃油添加剂的特性、成分、质量和类型的规定，以尽可能减少因使用燃油或燃油添加剂而排放的污染物，防止对相关设备或系统的效率或性能造成的不利影响，以减少使用燃油或燃油添加剂的污染源排放的污染物；然而，《车辆运行法（机动车和燃油法）》（希伯来历 5721 年，公历 1961 年）应适用于燃油相关的规定，并在与交通和道路安全部部长协商后，由环保部部长和国家基础设施部部长联合制定。

（b）第（a）小节中所述的规定可以是根据燃油或燃油添加剂的类型制定的一般规定，也可以是根据上述多种类型的事项制定的具体规定。

（c）第（a）小节中所述的规定应按照以色列加入的国际公约制定，同时考虑发达国家公认的做法。

（d）环保部部长应不定时根据科技发展情况评估更新第（a）小节中所述规定的必要性。

（e）本节规定应列入任何燃油和燃油添加剂类别的官方标准（如有）；在本节中，"官方标准"的定义见《标准法》（希伯来历 5713 年，公历 1953 年）。

（f）本节规定应列入第四章和第五章关于排放源的条款中。

燃油的限制和禁止规定

40.（a）任何人均只能按照第 39 节的规定（视情况而定）采取以下任一行动：

（1）生产、出售、进口或销售燃油或燃油添加剂；

（2）在运营的任何排放源中使用燃油或燃油添加剂。

（b）第（a）（1）小节的规定不适用于以色列能源生产中未使用的燃油和燃油添加剂。

第七章 排放源的附加条款

排放源的附加条款

41.（a）对于附录四中所述的作为排放源业主的个人或机构，监管员有权指示其预防和减少排放源造成的空气污染，实现本法规定的目标，包括需要许可证的排放源的排放许可证中规定的任何事项的相关条件。

（b）监管员在根据第（a）小节的规定发出指示时，应特别考虑第 19（b）和 20（b）节中所述的事项和考虑因素。

（c）第（a）小节中所述的适用于排放源的规定不得减损本小节规定的监管员的

权力。

（d）本节规定应列入第四章至第六章关于排放源的条款中。

（e）环保部部长有权在经过委员会的批准后，以发布命令的方式对附录四进行修改。

第八章　监督、执行和处罚

第一条　检查

检查员授权

42. 环保部部长有权授权国家雇员作为检查员，并将本法规定的部分或全部权力授予检查员，但授权的检查员必须符合以下条件：

（1）以色列警察部队在环保部部长提出请求之日起九十天内，未就公共安全原因否决该授权人员，包括授权人员的犯罪史；

（2）根据环保部部长的要求对授权人员进行了本法所授予权力相关的培训，并获得国内安全部部长的同意；

（3）授权人员符合环保部部长规定的其他身体条件要求，并获得国内安全部部长的同意。

检查员的权力

43.（a）为了监督本法规定的执行情况，监管员或检查员根据第 44 节的规定表明身份后，有权

（1）要求任何人向其提供姓名和地址、身份证或其他官方身份识别文件；

（2）要求任何有关人士提供任何资料或文件，以确保执行本法的规定；在本款中，"文件"包括《计算机法》（希伯来历 5755 年，公历 1995 年）定义的计算机打印输出文件；

（3）进行测试或测量，或抽样进行测试，并命令将样本运送到实验室进行测试，或保存一定的期限，或以其他方式处理样本；

（4）进入任何场所，包括飞机、船只或机动车辆，但不得进入

①用于住宅用途的场所，除非出示法院令；

②国防机构占用的场所、以色列警察部队占用的监狱或场所——前提是在监管员

或检查员进入时，此类场所正在开展作战活动或敌对活动。

（b）监管员或检查员若怀疑出现违反本法规定的行为，则有权

（1）审问与该违法行为相关的任何人或可能知晓该违法行为相关信息的任何人；《刑法程序条例（证词）》第 2 节和第 3 节的规定应适用于本款中所述的审问，并根据情况做出必要的修改；

（2）扣押与该违法行为相关的任何物品；《刑法程序条例（逮捕和搜查）》[新版]（希伯来历 5729 年，公历 1969 年）第四章的规定（在本条例中简称为"《逮捕和搜查条例》"）应适用于本款中所述的任何扣押，并根据情况做出必要的修改；

（3）根据《逮捕和搜查条例》第 23 节的规定向法院申请搜查令，并进行搜查；《逮捕和搜查条例》第 24（a）（1），26 至 28 及 45 节的规定应适用于本款中所述的搜查。

（c）如果任何人拒绝响应监管员或检查员根据本节授予的权力所提出的指令，且监管员或检查员担心当事人逃跑，或当事人的身份不明，则监管员或检查员有权将当事人拘留至警察到达，《刑法程序法（执法权——逮捕）》（希伯来历 5756 年，公历 1996 年）第 75（b）和（c）节的规定适用于上述拘留，并根据情况做出必要的修改。

（d）检查员不得利用本节授予其的权力对国防机构或以色列警察部队的场所采取行动，除非获得适当的安全许可。

检查员的身份证明

44.（a）检查员在行使本法赋予的权力时应符合以下所有条件：

（1）检查员正在值勤；

（2）检查员穿着检查员制服，制服的颜色和形式由环保部部长规定，但不得与警察的制服混淆，同时检查员应公开佩戴显示其身份和职位的标识；

（3）检查员持有环保部部长签发的证明，以根据现场要求证明其职位和权力。

（b）第（a）小节规定的身份证明义务不适用于以下情形：

（1）若几乎可以肯定，遵守该规定可能妨碍检查员行使权力；

（2）若环保部部长认为，遵守该规定有可能危及检查员或其他人的安全。

（c）当阻碍检查员不遵守第（a）小节规定的情形终止后，检查员应尽快履行上述义务。

第二条　预防、减少或阻止空气污染的命令

预防或减少空气污染的行政命令

45.（a）若监管员认为，违反本法规定的行为或不作为造成了空气污染，或有合理理由假定会造成空气污染，如起诉书尚未发出，则监管员有权以书面形式命令造成上述空气污染或即将造成上述空气污染的人员停止导致空气污染的活动，禁止其从事上述活动，或采取必要的措施来预防或减少造成的或可能造成的空气污染，或恢复至先前的条件（视情况而定）。

（b）若根据第（a）小节发出的命令没有得到执行，则监管员或其授权人员有权执行命令的要求；在命令执行完成后，未执行命令规定的当事人应有义务双倍支付由此产生的费用。

（c）监管员或第（a）小节中所述命令的授权人有权进入任何场所执行命令，但在进入第 43（a）（4）节中所述的场所时必须符合该节的规定。

（d）根据本节规定发出的命令，应以民事诉讼中送达法院文件的形式送达至命令的执行人或排放源持有人，若在付出适当努力后未找到此人，则命令应展示在适当的场所。

停止使用的行政命令

46.（a）在以下任一情形下，监管员应以命令的形式指示立即停止使用排放源的全部或任何部分设备：

（1）根据第 45 节的规定发出了命令，以预防或减少该排放源的空气污染，但命令的执行人未履行命令的要求；

（2）排放源需要许可证，但没有获得许可证；

（3）监管员在与卫生部总干事协商后认为，该排放源的使用可能真正危害公共健康；

（4）使用该排放源会持续或频繁地违反本法的有关规定。

（b）第 45（b）至（d）节的规定应适用于根据本节的规定执行命令，并根据情况做出必要的修改。

（c）第（a）小节中所述命令的有效期为自发出之日起三十天；若在三十天期限结束时，监管员认为该命令所指的故障尚未修复，则监管员有权将该命令的有效期额

外延长三十天；该命令的有效期在上述两个期限结束后即失效，除非经有权处理该命令所指违法行为的法院批准。

向法院申请撤销命令

47.（a）若任何人认为根据第 45 或 46 节的规定发出的命令损害了其利益，则其可向有权处理该违法行为的法院申请撤销该命令。

（b）根据第（a）小节的规定提交撤销命令的申请，不得中止命令的有效性，除非法院另行判决；若法院判决单方面中止该命令的有效性，则应在双方在场的情况下，尽快在判决之日起七日内对该要求举行听证会。

（c）法院有权撤销、批准或更改命令。

司法限制令

48.（a）（1）若存在第 46（a）节中所述的情形，或排放源的使用违反了本法其他条款的规定，地方法院有权根据监管员或原告（定义见《刑法程序法》，在本节中简称为"原告"）的要求，指示在其规定的期限内停止使用排放源的全部或部分设备；若地方法院认为其有合理理由担心如不签发命令（在本节中简称为"司法限制令"），则排放源所在地将实施违反本法规定的活动，则地方法院有权指示限制使用该地点。

（2）在法院即将发布司法限制令时，法院应特别考虑该排放源先前的违法行为，排放源的业主或持有人对排放源违法行为的认知情况或将来是否会出现上述违法行为，以及命令对其造成损害的程度。

（b）（1）法院可根据监管员或检察机关的要求、或认为个人利益受到命令损害且没有被传唤提交申辩证据的人员的要求，发布司法限制令来更改命令的条件或撤销命令。

（2）若法院认为，在命令发出后，情况发生了变化或发现了新情况，则法院有权据此重新考虑先前发出的司法限制令。

（c）第 45（b）至（d）节的规定应适用于司法限制令的执行，并根据情况做出必要的修改。

机动车检查和禁用通知

49.（a）检查员或警察有权扣留机动车辆进行空气污染排放物测试（在本节中简称为"初步测试"），并开展上述测试，但应尽快开展测试；检查员根据本节规定扣留机动车的地点和方式应与以色列警方协调；在本节中，"测试"是指按照环保部部长的规定使用仪器进行测试。

（b）若初步测试结果显示，可能出现了违反本法规定的行为，需要进行额外测试，则检查员或警察有权扣留车辆进行额外测试，但应尽快完成。

（c）若检查员或警察在进行第（b）小节中所述的额外测试时发现，车辆排放的空气污染物超出允许的范围，则检查员或警察有权向该车辆的司机发出通知，禁止其使用该车辆，直至修复故障（在本节中简称为"禁用通知"），并扣留该车辆的牌照；禁用通知中应注明测试中发现的故障，以及在故障修复后，将该车辆在规定的时间和地点进行测试的义务（视情况而定）；检查员或警察在发出禁用通知后应告知许可机构；若在禁用通知发出后未发送给司机，则应将禁用通知的副本发送给司机；监管员应与许可机构及以色列警察交通部门的负责人协商制定根据本节规定发出通知和扣留牌照的程序。

（d）若在发出禁用通知后，未扣留牌照，则车主应在规定的时间内将汽车牌照提交给禁用通知指定的人员。

（e）在发出禁用通知后，任何人均不得使用禁用通知对应的车辆，但许可机构或其授权人员可在通知中规定的时间和地点驾驶该车辆执行命令规定的行动，以修复故障和开展后续测试。

（f）（1）若许可机构或其授权人员认为，第（e）小节中所述的测试表明，禁用通知中列明的故障已经修复，则应撤销该通知，并归还车辆牌照；

（2）在确定车辆已经过测试且状态良好，或禁用通知中列明的故障已经修复之前（视情况而定），许可机构不得更新车辆牌照，亦不得签发执照副本。

（g）只有在符合下述所有条件的情况下，检查员方可行使本节规定的权力：

（1）除了第 42 节规定的检查员培训外，检查员还按照国内安全部部长和环保部部长的规定接受了本节中所述机构的运营培训；

（2）检查员按照第 44 节的规定表明了身份。

（h）为了遵守本节的规定，检查员或警察有权要求车辆的驾驶员

（1）停车；

（2）向其出示车辆牌照、驾驶证、身份证件或驾驶员依法必须携带的证明其身份的其他官方文件；

（3）向其出示车辆牌照。

（i）检查员不得将本节中所述的权力用于检查由军人、警察或监狱警卫驾驶的车辆，亦不得用于检查《公共机构安全法》（希伯来历 5758 年，公历 1998 年）定义的正在执勤的安保人员或保安驾驶的车辆。

（j）本节规定不得减损任何法规赋予警察的权力。

第三条　行政财务处罚

行政财务处罚通知

50. 若监管员有合理理由认为任何人违反了第 53 节任何条款的规定（在本节中简称为"违法者"），则监管员有权向其发出行政财务处罚通知（在本节中简称为"罚款通知"）；监管员应在上述通知中特别注明以下事项：

（1）违法行为；

（2）行政财务处罚的金额及其支付时间；

（3）违法者根据第 51 节的规定提交申辩证据的权利；

（4）根据第 55 节的规定，若持续或反复出现违法行为，可追加行政财务处罚的金额。

提交申辩证据的权利

51. 违法者在收到罚款通知后三十天内，有权向监管员提交关于行政财务处罚及其金额相关的书面申辩证据。

催款单

52. （a）监管员在考虑根据第 51 节规定向其提交的申辩证据后，应决定是否对违法者处以行政财务处罚，监管员有权根据第 54 节的规定降低行政财务处罚的金额。

（b）（1）若监管员根据第（a）款的规定决定处以行政财务处罚，则监管员应向违法者发出行政财务处罚催款单（在本节中简称为"催款单"）；监管员应在催款单中特别注明第 57（a）节中所述的行政财务处罚的最新金额及付款日期；

（2）若监管员根据第（a）款的规定决定不处以行政财务处罚，则应当通知违规者。

（c）若违反者在收到罚款通知书之日起三十天内没有根据第 51 节的规定提交申辩证据，则罚款通知书应在上述三十天结束时视为催款单，并视为在上述日期已送达至违法者。

行政财务处罚的金额

53. （a）凡违反以下任一规定者，行政财务处罚的金额为 40 万新谢克尔，若违法者为法人团体则为 80 万新谢克尔：

（1）违反第 12 节的规定，不准备或未实施行动计划；

（2）违反第 17（a）节的规定，在未获得排放许可证的情况下安装、运行、维护或使用需要许可证的排放源，或授权他人从事此类行为，或违反排放许可证的规定；

（3）违反第 27（a）节的规定，在未经监管员批准的情况下对排放源进行重大业务变更；

（4）不执行根据第 41（a）节规定发出的指示。

（b）凡违反以下任一规定者，行政财务处罚的金额为 20 万新谢克尔，若违法者为法人团体则为 40 万新谢克尔：

（1）违反第 7 节的规定，不按照指示建立或运行空气监测站；

（2）不执行根据第 8（c）（2）节的规定发出的指示；

（3）违反第 14（a）（1）节的规定生产、进口或销售固定排放源；

（4）违反第 14（a）（2）节的规定运行或使用固定排放源；

（5）违反第 15 节的规定，不执行监测或抽样，或不提交监测或抽样数据；

（6）违反第 33 节的规定，不符合按照《商业许可法》的规定授予的业务执照或临时证书的条件；

（7）违反第 36（a）（1）节的规定生产、进口、销售或出售移动排放源；

（8）违反第 36（a）（2）节的规定运行或使用移动排放源；

（9）违反第 40（a）（1）节的规定生产、进口、销售或出售燃油或燃油添加剂；

（10）违反第 40（a）（2）节的规定运行使用燃油或燃油添加剂的排放源。

（c）凡违反以下任一规定者，行政财务处罚的金额为 10 万新谢克尔，若违法者为法人团体则为 20 万新谢克尔：

（1）违反第 16（a）节的规定，不保存记录或不向监管员报告；

（2）违反第 37（a）节的规定，不按照指示测试机动车，记录测试结果，并向许可机构的授权人员报告；

（3）违反第 38 节的规定，不按照指示发布广告或通知。

减少金额

54. （a）只有在符合第（b）小节规定的情况下，监管员方可将行政财务处罚金额设定为低于本条规定的金额。

（b）在获得司法部部长的同意后，环保部部长有权规定行政财务处罚金额低于本条规定金额的情形、情况和考虑因素，并由环保部部长规定此类金额。

持续和反复违法行为

55. （a）若出现持续的违法行为，则该违法行为的行政财务处罚金额应在违法行为持续期间每天增加二十分之一。

（b）若出现反复违法行为，则该违法行为的行政财务处罚金额的增加额为第一次违法行为处以的行政财务处罚金额；在本节中，"反复违法行为"是指在上一次违反第 53 节任一条款的规定受到行政财务处罚或违规者被定罪后两年内再次违反同一条款的规定。

行政财务处罚的付款时间

56. 行政财务处罚应当在第 52 节中所述的催款单送达之日起三十天内支付。

最新行政财务处罚金额

57. （a）行政财务处罚应当按照催款单送达之日的最新金额支付，若违法者为根据第 51 节的规定提交申辩证明，则为罚款通知书送达之日的最新金额支付；若违法者向行政事务法院提交了申诉，且法院维持行政财务处罚命令，则行政财务处罚应按照申诉判决之日的最新金额支付。

（b）第 53 节中所述的行政财务处罚金额应在每年 1 月 1 日更新（在本小节中简称为"更新日"），最新金额按照更新日已知的指数与上一年更新日已知的指数之间的增加额确定，第一个更新日应对比 2008 年 7 月 1 日已知的指数；上述金额因四舍五入为 100 新谢克尔的整数倍金额；在本法中："指数"是指中央统计局公布的"消费者物价指数"。

（c）根据第（b）小节的规定更新的行政财务处罚金额应在《以色列国家公报》上发布通知。

连带差额和利息

58. 若行政财务处罚未按时支付，则应增加拖欠期限内的连带差额和利息，直至付清；在本节中，"连带差额和利息"见《连带差额和利息法》（希伯来历 5721 年，公历 1961 年）的定义（在本条中简称为"连带差额和利息"）。

申诉

59.（a）若向行政事务法院对本条规定的行政财务处罚催款单提起申诉，则行政财务处罚暂不支付，除非监管员或法院要求支付。

（b）若在支付行政财务处罚后，第（a）小节中所述的申诉获准，则应退还该行政财务罚款，以及支付之日起至退还之日起的连带差额和利息。

发布

60.若根据本条的规定收取了行政财务罚款，则监管员应当指示违法者在报纸上或以监管员确定的任何其他方式发布行政财务处罚情况、违法者的姓名、违法行为的性质、违法情形及处罚的金额，见第 21（d）（1）节的规定。

刑事责任的豁免

61.（a）支付行政财务处罚不得减损违法者违反第 53 节规定应承担的刑事责任。

（b）若违法者被起诉，则不得要求违法者为其违法行为支付行政财务罚款，若违法者已支付行政财务罚款，则应予以退还，并退还自支付之日起至退还之日的连带差额和利息。

临时担保和扣留污染船只

62.（a）若船只或其相关的行为违反了第 53 节规定任一条款，则监管员有权要求违法者根据监管员的要求出具临时担保，直至做出行政财务处罚决定，或直至支付行政财务罚款（以较晚者为准）。

（b）监管员应设定临时担保的金额及有效期，并在发出收费通知时告知违法者；担保金额应为收费通知书中列明的行政财务处罚金额。

（c）若第（b）小节规定通知是向船只发出，则监管员应当指示船只停泊港口的负责人按照《港口条例》[新版]（希伯来历 5731 年，公历 1971 年）的规定行使其权力，不得允许实施违法行为的船只或相关船只离开港口区域，直至提供担保或支付行政财务罚款（以较早者为准）。

第四条　处罚

处罚

63.（a）凡违反下述任一规定者，应被处以两年监禁，或须缴纳《刑法》第 61

（a）（4）节中所述罚款三倍的罚款，若违法者为法人团体，则须缴纳《刑法》第 61（a）（4）节中所述罚款六倍的罚款：

（1）违反第 3 节的规定，造成严重或不合理的空气污染；

（2）不执行根据第 8（c）（2）节的规定发出的指示；

（3）违反第 17（a）节的规定，在未获得排放许可证的情况下安装、持有、运行或使用需要许可证的排放源，或违反排放许可证的条件；

（4）违反第 27（a）节的规定，在未经监管员批准的情况下对排放源进行重大业务变更；

（5）违反第 40（a）（1）节的规定生产、进口、销售或出售燃油或燃油添加剂；

（6）不执行根据第 41（a）节规定发出的指示；

（7）不执行根据第 45 节、46 节、48 节或 67 节规定发布的命令或根据第 49 节规定发出的禁用通知（视情况而定）的规定。

（b）凡违反下述任一规定者，应被处以一年监禁，或须缴纳《刑法》第 61（a）（4）节中所述的罚款，若违法者为法人团体，则须缴纳《刑法》第 61（a）（4）节中所述罚款两倍的罚款：

（1）违反第 14（a）（1）节的规定生产、进口、销售或出售固定排放源；

（2）违反第 14（a）（2）节的规定运行或使用固定排放源；

（3）违反第 36（a）（1）节的规定生产、进口、销售或出售移动排放源；

（4）违反第 36（a）（2）节的规定运行或使用移动排放源；

（5）违反第 40（a）（2）节的规定运行使用燃油或燃油添加剂的排放源；

（6）妨碍监管员或检查员履行本法规定的职责，不履行本法规定的提交数据、信息和文件的义务。

（c）凡违反下述任一规定者，应被处以六个月监禁，或须缴纳《刑法》第 61（a）（4）节中所述罚款一半的罚款，若违法者为法人团体，则须缴纳《刑法》第 61（a）（4）节中所述的罚款：

（1）违反第 15（a）节的规定，不进行监测或抽样；

（2）违反第 16（a）节的规定，不保存记录；

（3）违反第 38 节的规定，不按照指示发布广告或通知。

（d）凡严重违反或在严重情形下违反第（a）或（b）节的规定，并造成或可能造成实际环境污染者，则应被处以三年监禁或法院根据第（a）或（b）节的规定有权判处罚款金额两倍的罚款（视情况而定）。

（e）若为持续违法行为，则法院有权判处每日支付第（a）小节中所述罚款金额5%的额外罚款。

（f）（1）对于违反本法规定的违法者，若其违法行为为其本人或他人获取了利益或利润，则法院有权在任何其他处罚之外，同时判处相当于违法者所获取的利益或利润的罚款；在本小节中，"利益"包括节省的支出；

（2）本小节的规定不得减损《刑法》第63节的规定。

（g）第（a）及（b）（1）至（4）小节中所述的违法行为属于严格的责任犯罪。

法人团体的雇主和高层管理人员的责任

64.（a）法人团体的雇主和高层管理人员必须监督并尽力防止其任何雇员、法人团体或法人团体的任何雇员（视情况而定）实施本法中所述的违法行为；凡违反本款规定者，应被处以《刑法》第61（a）（4）节规定的罚款。

（b）若任何雇员、法人团体或法人团体的任何雇员实施本法中所述的违法行为，则应视为法人团体的雇主或高层管理人员（视情况而定）违反第（a）小节规定的义务，除非该雇主或高层管理人员能够证明已尽其所能履行义务。

（c）在本节中，"法人团体的高层管理人员"是指法人团体的主要管理者、有限合伙人之外的合伙人或代表法人团体管理违法行为所在领域工作的负责人及第63（a）节中所述违法行为的主管人员。

法院的权力

65.（a）若违反本法规定的违法者被控告或起诉，则法院有权在其认为适当的情形下颁布强制性禁制令、预防性禁制令或任何其他法律救济，包括第45或48节中所述的司法限制令，以预防或减少该违法行为造成的空气污染，并预防其再次发生。

（b）《水法》（希伯来历5719年，公历1959年）第20W（b）至（h）节的规定应适用于法院根据第（a）小节规定颁布的命令，并根据情况做出必要的修改。

（c）凡法院裁定违反本节规定者，除任何其他处罚之外，判决中还可处以以下处罚

（1）命令违法者修理或修复其对环境造成的任何破坏，或修理或修复任何其他环境损害（视法院命令而定）；

（2）若起诉人或费用的支出方向法院申请，则命令违法者支付第（1）款中所述的环境修理或修复相关的费用。

（d）若法院裁定的违法者不止一人，则法院有权在第（c）（2）小节中所述的判决中要求全部或部分违法者共同或单独支付费用，或由各违法者分摊（视具体情况而定）。

关于船只的规定

66.（a）若对船只或其相关船只违反本法规定的行为提起诉讼，则该船只所在港口的负责人应按照《港口条例》[新版]（希伯来历 5731 年，公历 1971 年）的规定行使其权力，不得允许实施违法行为的船只或相关船只离开港口，直至违法者向港口负责人提供罚款相应的担保。

（b）经咨询交通和道路安全部部长后，环保部部长有权规定担保的金额、形式、有效期、条件和提供方式。

禁止使用车辆的司法令

67.（a）若违反本法规定的行为涉及机动车辆，则除了任何其他处罚之外，尽管存在任何法律规定，法院仍有权发布命令禁止使用违法行为相关的车辆，禁止期限不得超过 120 天，并规定车辆在禁止使用期间的停放位置（在本节中简称为"禁止使用令"）。

（b）法院在颁布禁止使用令之前，必须给予车主提交申辩理由的机会。

（c）在颁布禁止使用令后，任何人均不得使用禁止使用令相关该车辆，但在命令规定的地点和时间修复车辆故障除外；经监管员或其代理人的书面许可后，该车辆可转移至命令规定的地点。

（d）《交通条例》第 57C（d）及（f）、57D、57E、57F 及 57G 节的规定应适用于禁止使用令及其申诉相关的事项，并根据情况做出必要的修改。

罚款金额

68. 尽管《刑法程序法》第 221（b）节有规定，司法部部长在经环保部部长同意后，仍有权将罚款金额设定为高于本法相关条款规定的相关违法行为的罚款金额，也包括同一人员持续出现应处以罚款的违法行为，并考虑违法行为的类型和违法情形，但罚款金额不得超过该违法行为最高处罚金额的 10%；罚款金额可能有所不同，考虑因素包括法人团体违法行为、持续违法行为及违法行为所处的情形。

起诉

69. （a）下述人员有权按照《刑事诉讼法》第 68 节的规定对违反本法规定的行为提起诉讼：

（1）违法行为的受害方——违法行为发生在私人领地或对其造成损害；

（2）《消除环境损害法（民事索赔）》（希伯来历 5752 年，公历 1992 年）附录中规定的各类机构。

（b）若起诉人提前将其诉讼意图告知环保部部长，且检察总长未在该通知后六十日内提交起诉书，则该起诉人有权根据第（a）小节的规定提起诉讼。

第九章　民事索赔

民事违法行为

70. 若违反本法规定的违法行为或不作为构成民事违法行为，则《民事违法行为条例》[新版]应适用，并应遵守本法的规定。

环保机构

71. （a）若违反本法规定的违法行为或不作为对特定个人造成损害，在受害人同意的情况下，则《消除环境损害法（民事索赔）》（希伯来历 5752 年，公历 1992 年）第 6 节规定的诉讼机构有权对违反本法规定的违法行为或不作为提起诉讼。

（b）在起诉违反本法的行为时，法院有权允许第（a）小节中所述的机构以法院规定的方式发表意见。

法人团体高层管理人员的责任

72. 若法人团体实施了第 70 节中所述的违法行为，则在此期间的法人团体主要管理者、有限合伙人之外的合伙人或代表法人团体管理违法行为所在领域工作的高级雇员，应对违法行为承担责任，除非其能够证明以下两点：

（1）其对违法行为不知情；

（2）根据情况采取了合理的措施来防止该违法行为的发生。

第十章　其他规定

房地产的相关假设

73. 若违反本法的行为或不作为在房地产中实施，则应视为房地产或房地产的管理者或监管者实施了违法行为或不作为，除非其能够证明其尽力防止该违法行为或不作为。

机动车辆、船只和飞机的相关假设

74. 若违反本法的行为或不作为在机动车辆、船只或飞机中实施，则应视为机动车辆、船只或飞机的业主实施了违法行为或不作为，除非其能够证明其对机动车辆、船只和飞机的使用不知情或未经其同意。

资金去向

75. 根据本法收取的费用、税费、行政财务处罚或罚款应上缴国库。

税收（征收）条例的适用性

76. 《税收条例（征收）》应适用于本法规定的费用、税费、行政财务处罚、罚款或支出。

海关管理局

77. （a）对于海关管理局和海关官员，违反第 14（a）（1）、36（a）（1）和 40（a）（1）节规定的进口行为应视为违反海关法，海关官员有权没收违法行为相关的货物，"没收货物"的定义见《海关条例》。

（b）第 13 节、35 节和 39 节关于进口的规定应与财政部部长协商。

法律的豁免

78. 本法的规定应添加至任何法律规定中，但不得减损任何法律的规定，本法的任何规定均不得妨碍任何国家机构或任何地方机构在其法定授权范围内制定规定，包括本法的规定。

雇员的适用性

79. 尽管第 78 节有规定，本法的规定仍不适用于在空气污染相关工作场所工作的人员，此类人员适用于《安全生产条例》[新版]（希伯来历 5730 年，公历 1970 年）。

国家的适用性

80. （a）本法的规定适用于以色列。

（b）尽管（a）小节有规定，环保部部长在与总理、国防部部长或国内安全部部长协商后（视情况而定），有权规定本法的部分或全部规定不适用于"国防机构"定义中所述的机构或以色列警察部队开展的活动，若停止、减少或其他干涉此类活动可能会对国家安全造成实质性威胁，必须确保此类活动的实施。

（c）第（b）小节中所述的命令的有效期不得超过一年，若环保部部长认为无法通过其他方式确保此类活动，则环保部部长有权将有效期额外延长一年，但不得超过一年；若做出命令的情况不再存在，则命令的有效期不得超过其设定的期限。

（d）本节中所述命令相关的活动应尽可能按照本法的规定开展，并遵守各类国防机构或以色列警察部队的规定（视情况而定），同时应与监管员协商。

（e）本节中所述的命令及第（c）小节中所述的有效期期满后应在《以色列国家公报》上发布通知，除非环保部部长认为，出于国家安全考虑，不应公布全部或任何部分事项。

实施和规则

81. 环保部部长负责本法的实施，并就本法的实施相关的事项制定规则。

第十一章　间接修正案

本章列出了各类其他法律的修正案，具体如下：

第 82 节：《公共卫生条例》（1940 年）

第 83 节：《交通条例》

第 84 节：《消除损害法》（希伯来历 5721 年，公历 1961 年）

第 85 节：《规划与建筑法》（希伯来历 5725 年，公历 1965 年）

第 86 节：《刑事诉讼法》（希伯来历 5742 年，公历 1982 年）

第 87 节：《法院法》（希伯来历 5744 年，公历 1984 年）

第 88 节：《消除环境损害法（民事索赔）》（希伯来历 5752 年，公历 1992 年）

第 89 节：《罚款、费用和收费中心法》（希伯来历 5755 年，公历 1995 年）

第 90 节：《国家公园、自然保护区、国家遗址和纪念地法》（希伯来历 5758 年，公历 1998 年）

第 91 节：《行政事务法院法》（希伯来历 5760 年，公历 2000 年）

第 92 节：《地方主管部门法（环境执法——检查员的权力）》（希伯来历 5768 年，公历 2008 年）

第十二章　适用性和过渡性规定

生效

93. （a）根据第（b）小节的规定，本法自 2011 年 1 月 1 日起施行（在本法中简称为"生效日期"）。

（b）第 38 节的规定应在本法发布四个月之后生效。

第一条规定

94. （a）第 38 节的第一条规定应在本法公布之日起三个月内提交给以色列议会经济事务委员会批准。

（b）第 6、18（b）和第 19（a）节的第一条规定应在 2010 年 7 月 1 日之前制定；本法第 30 节规定应在上述日期之前提交给委员会批准。

过渡性规定

95. （a）尽管第 17 节有规定，若在生效日期之前不久，排放源业主按照《商业许可法》颁发的营业许可证或《消除损害法》第 8（a）节发布的命令（在本节中简称为"有效排放源"）合法开展附录三中所述的任一活动，则该业主有权在未获得本法规定的许可证的情况下，继续按照规定的条件、生效日期之前不久适用的规定、《商业许可法》或《消除损害法》的规定（视情况而定）运营该排放源，直至监管员对许可证申请做出决定或直至 2016 年 9 月 30 日（以较早者为准），但应在此类活动规定的申请日期之前提交许可证申请（在本节中简称为"决定日期"）：

（1）附录三第 2.3、2.4 和 2.5 项中所述的活动——2011 年 3 月 1 日；

（2）附录三第 2.1、2.2、2.6 和 3 项中所述的活动——2012 年 3 月 1 日；

（3）附录三第 5 和 6 项中所述的活动——2013 年 3 月 1 日；

（4）附录三第 4.1、4.2、4.3、4.4 和 4.6 项中所述的活动——2014 年 3 月 1 日；

（5）附录三第 1 和 4.5 项中所述的活动——2015 年 3 月 1 日。

（b）（1）第四章第二条中所述的时间应自决定日期算起，即便提前提交了排放许可证申请；

（2）对于开展附录三中所述的活动中一项以上活动的排放源，决定日期应为第（a）小节中所述活动的最早日期；

（3）尽管第（a）小节和本节有规定，若规划机构决定执行第 23 节中所述的联合程序，则监管员有权指示排放源业主在决定日期之前提交排放许可证申请。

（c）第（a）小节的规定也应适用于附表三第 1.1 项中所述的排放源，即发电站，定义见《电力行业法》（希伯来历 5756 年，公历 1996 年），以下两点应适用：

（1）根据《规划与建筑法》制订的计划，其环境影响报告应包括预防和减少空气污染的规定，并在生效日之前批准并公布其有效性；

（2）排放源使用的主要能源是天然气或太阳能。

（d）在第（a）小节规定的日期之前，第 24A 节的规定不适用于第（c）小节中所述的排放源。

（e）根据《消除损害法》第 8 节规定发出的指示对需要根据《商业许可法》获取许可证的排放源或附录四中所述的排放源仍然有效，除非此类指示已更改或撤销，此类指示应视为根据本法第 34 或 41 节（视情况而定）规定做出的指示。

（f）尽管第 93（a）节有规定，若非有效排放源预计在生效之日起一年内开始运行，并向监管员提交了其满意的证明，则该排放源的排放许可证申请从 2010 年 1 月 1 日起开始提交；自所述日期起制定的第 18 节和第 19 节相关规定应适用于本小节中所述的申请；若尚未制定相关规定，则监管员制定的准则应适用于该申请，同时应遵守相关条款规定的原则；上述准则应在环保部网站上公布。

（g）环保部部长有权指示第 7（d）节中所述的地方主管部门或排放源业主在生效日期之前建立空气监测站，并作为国家体系的一部分。

（h）《规划和建设法》第 23 节的规定及本法第 85 节的规定不适用于在生效日期之前已发布环境影响报告编制准则或已决定提交给或转交地区委员会的计划。

规定的有效性

96. 根据《消除损害法》制定的规则应视为依据本法制定的规则，全部规则如下：

（1）《消除损害法（空气质量）》（希伯来历 5752 年，公历 1992 年）——第 6（a）（2）节；

（2）《消除损害法（房屋的空气污染）》（希伯来历 5722 年，公历 1962 年）——第 13 节；

（3）《消除损害法（车辆的空气污染）》（希伯来历 5723 年，公历 1963 年）——第 35 节；

（4）《消除损害法（车辆的空气污染）（哈特立奇测试标准）》（希伯来历 5724 年，

公历 1964 年）——第 35 节；

（5）《消除损害法（行驶车辆的空气污染）》（希伯来历 5761 年，公历 2001 年）——第 35 和 49 节；

（6）《消除损害法（家庭供暖燃油燃烧器的空气污染）》（希伯来历 5733 年，公历 1972 年）——第 13 节；

（7）《消除损害法（防止垃圾处理站不合理的空气和气味污染）》（希伯来历 5750 年，公历 1990 年）——第 13 节；

（8）《消除损害法（防止采石场的空气污染和噪声）》（希伯来历 5758 年，公历 1998 年）——第 13 节；

（9）《消除损害法（颗粒物排放至空气）》（希伯来历 5733 年，公历 1972 年）——第 13 节；

（10）《消除损害法（废油）》（希伯来历 5753 年，公历 1993 年）——第 39 节。

向委员会报告

97. 从本法发布 6 个月开始，直至生效日期，环保部部长应每六个月向委员会报告一次环保部实施本法规定的准备进度。

附录一
（第 6 节）

O_3	臭氧
SO_2	二氧化硫
$C_2H_4Cl_2$	1,2-二氯乙烷
CH_2Cl_2	二氯甲烷
C_7H_8	甲苯
C_2Cl_4	四氯乙烯
C_2HCl_3	三氯乙烯
H_2S	硫化氢
C_8H_8	苯乙烯
CH_2O	甲醛
CO	一氧化碳
NO_x	氮氧化物（按二氧化氮计）
NO_2	二氧化氮
P.A.H.	多环芳烃，按苯并[a]芘 $C_{20}H_{12}$ 计
C_4H_6	1,3-丁二烯
C_6H_6	苯
S.P.M.	悬浮颗粒物
PM_{10}	粒径小于 10 μm 的可吸入颗粒物质
$PM_{2.5}$	粒径小于 2.5 μm 的可吸入颗粒物质
SO_4	硫酸盐
V	钒（悬浮颗粒物中）
Pb	铅（悬浮颗粒物中）
Cd	镉（悬浮颗粒物中）
Ni	镍（悬浮颗粒物中）
Cr	铬（悬浮颗粒物中）
As	砷（悬浮颗粒物中）
	汞（悬浮颗粒物中）
Hg	降尘

附录二
（第 2 节）
"移动排放源"的定义

1. 机动车
2. 船只
3. 飞机

附录三
（第 2 节）
"有许可证要求的排放源"的定义

在本附录中，排放源的产出、产能、数量或其他计量单位均应按照能够达到的最大值计算，即便排放源实际运行时的产出、产能、数量或其他计量单位较低。

1. 能源行业

1.1 额定热输入功率超过 50 MW 的燃烧装置；

1.2 矿物油和天然气精炼厂；

1.3 焦炉；

1.4 煤液化或气化厂。

2. 金属生产和加工

2.1 金属矿石（包括硫化矿）的焙烧和烧结装置（通过压力和热力产生渗透体）；

2.2 产量超过每小时 2.5 t 的生铁或钢生产（初次或二次熔炼），包括连铸；

2.3 黑色金属加工：

2.3.1 每小时粗钢产量超过 20 t 的热轧机的运行；

2.3.2 每锤能量超过 50 kJ，且使用的热能超过 20 MW 的锤式或压力锻冶过程；

2.3.3 每小时粗钢输入量超过 2 t 的熔解金属镀层应用；

2.4 每日产能超过 20 t 的有色金属铸造厂；

2.5 有色金属加工：

2.5.1 通过冶金、化工、电解或其他工艺从矿石、精矿或次级原材料中提炼有色金属；

2.5.2　铅和镉的每日熔化能力超过 4 t，且所有其他金属的每日熔化能力超过 20 t 的冶炼过程，包括有色金属合金，包括回收产品（精炼、翻砂铸造等）；

2.6　使用化学或电解工艺对金属和塑料材料进行表面处理，且处理槽的体积超过 30 m^3。

3. 矿业

3.1　每日水泥熟料产量超过 500 t 的回转窑，或每日石灰产量超过 50 t 的回转窑，或每日产量超过 50 t 的其他熔炉；

3.2　每日熔融量超过 20 t 的玻璃生产，包括玻璃纤维；

3.3　每日熔融量超过 20 t 的熔化矿物质生产，包括矿物纤维的生产；

3.4　每日产能超过 75 t 的陶瓷产品烧制生产，例如，屋顶瓦、砖、瓷砖、瓷器，或容量超过 4 m^3，且每窑的装窑密度超过 300 kg/m^3 的窑炉。

4. 化工业

通过化学工艺进行工业规模生产的物质或物质组如下：

4.1　基础有机物质的生产，例如：

4.1.1　简单的碳氢化合物（直链或环状、饱和或不饱和、脂族或芳族）；

4.1.2　含氧碳氢化合物，例如，醇、醛、酮、羧酸、酯、醋酸酯、醚类、过氧化物、环氧树脂；

4.1.3　含硫烃；

4.1.4　含氮烃，例如，胺、亚硝酸、硝基和硝酸盐化合物、腈类、氰酸酯和异氰酸酯；

4.1.5　含磷烃；

4.1.6　卤代烃；

4.1.7　有机金属化合物；

4.1.8　基础塑料制品（合成聚合物纤维和纤维素纤维）；

4.1.9　合成橡胶；

4.1.10　染料和颜料；

4.1.11　表面活性剂和洗涤剂；

4.2　基础无机物质的生产，例如：

4.2.1 气体类，例如，氨气、氯气或氯化氢、氢气、氟化物、碳氧化物、硫化物、氮氧化物、氢化物、二氧化硫、碳酰氯；

4.2.2 酸类，例如，铬酸、氢氟酸、磷酸、硝酸、盐酸、硫酸、发烟硫酸、亚硫酸；

4.2.3 碱类，例如，氢氧化铵、氢氧化钾、氢氧化钠；

4.2.4 盐类，例如，氯化铵、氯酸钾、碳酸钾、碳酸钠、过硼酸盐、硝酸银；

4.2.5 非金属、金属氧化物或其他无机化合物，例如，碳化钙、硅、碳化硅；

4.3 生产磷、氮或钾肥（简单或复合化合物）；

4.4 生产杀菌剂（抗微生物）和保护植物健康的基础产品；

4.5 采用化学和生物工艺生产基础药品；

4.6 生产炸药。

5. 废物管理

5.1 每日回收和处理的危险废物超过 10 t；

5.2 无害固体废物的热处理量超过每小时 3 t。

6. 其他活动

6.1 从植物原料生产食品的处理和加工流程，每日产能超过 300 t（季度平均值）；

6.2 动物屠体和废物的焚化或回收，每日处理能力超过 10 t；

6.3 使用有机溶剂进行物质、物体或产品的表面处理，特别是印刷、涂装、涂布、润滑、清洗、浸渍等，每小时溶剂消耗量超过 150 kg 或每年超过 200 t。

6.4 通过焚烧或石墨化工艺生产硬烧煤或人造石墨。

附录四

（第 41 节）

可规定附加条款的排放源

1. 医院

2. 实验室

3. 车队的业主；在本附录中

"车队"指数量和类别符合下列第（1）、（2）或（3）款中所述数量和类别的车辆，由某人拥有、管理、租赁、控制或经营，包括由某人拥有、管理、租赁、控制或经营的所述车辆；此人控制所述人员或受控于其，或者其和此人不定期受控于同一人：

（1）从事交通服务的商用车辆为 10 辆；在本款中"商用车"和"交通服务"的定义见《交通法》（希伯来历 5757 年，公历 1997 年）；

（2）以下一种或多种车辆的总数为 50 辆：公用车辆、商业车辆、工作车辆或巴士，定义见《交通条例》；

（3）私人车辆的总数为 100 辆，定义见《交通条例》。

4. 铁路，定义见《铁路条例》[新版]（希伯来历 5732 年，公历 1972 年）。

5. 港口，定义见《港口条例》[新版]（希伯来历 5731 年，公历 1971 年）。

附录五
（第 22 节）
确定许可证的排放值时需考虑的污染物

二氧化硫及其他硫化物

二氧化氮及其他氮化合物

一氧化碳

挥发性有机化合物

金属及其化合物

粉尘

氯及其化合物

氟及其化合物

砷及其化合物

氰化物

具有致癌性或致突变性，或者可能对空气传播造成影响的物质和制剂

多氯二苯并二噁英和多氯二苯并呋喃

清洁空气（空气质量值）条例（暂行）
（希伯来历 5771 年，公历 2011 年）[①]

本文件是非官方翻译版本。具有法律约束力的版本为官方希伯来语版本。因此，建议读者在做出与本法相关的决定之前，请先咨询合格专业顾问的意见。本文件为翻译版本，仅供参考。

根据《清洁空气法》（希伯来历 5768 年，公历 2008 年）（以下简称为《空气法》）第 6 节赋予的权力，经以色列议会内政与环保委员会根据《基本法律：以色列议会》第 21A 节和《刑法》（希伯来历 5737 年，公历 1977 年）第 2（b）节规定批准后，特制定本条例。

定义

1. 在本条例中：

"给定时间间隔"——计算空气中某种污染物最高平均浓度的时间间隔。

"浓度（单位：$\mu g/m^3$）"——按微克/米^{3}计的污染物含量。

"浓度（单位：t/km^2）"——按吨/千米^{2}计的污染物含量。

目标值

2. 《空气法》第 6（a）（1）节中定义的目标值，是指附录一 A 列所示某种污染物在空气中的含量，按 B 列所示给定时间间隔内的最高平均浓度计。

环境值

3.（a）《空气法》第 6（a）（2）节中定义的环境值，是指附录二 A 列所示某种污染物在空气中的含量，按 B 列所示给定时间间隔内的最高平均浓度计。

（b）尽管有第（a）项规定，二氧化硫和二氧化氮在空气中的浓度，如果超过附录二 B 列中规定的浓度（视情况而定），但未超过附录三 B 列中规定的浓度，则不应构成偏离环境值，但在某一年内，二氧化硫和二氧化氮的浓度不得维持超过八小时。

警戒值

4. 《空气法》第 6（a）（3）节中定义的警戒值，是指附录三 A 列所示某种污染物在空气中的含量，按 B 列所示给定时间间隔内的最高平均浓度计。

[①]Kovetz HaTakanot（标准丛书）7002，希伯来历 5771 年（2011 年 5 月 31 日），第 970 页。

给定时间间隔的计算

5.（a）就目标值和环境值而言，附录一或附录二（视情况而定）B 列所示给定时间间隔应按照给定时间间隔的平均值计算，不同的给定时间间隔之间不得重合。

（b）就警戒值而言，附录三 B 列所示给定时间间隔应在连续不断的基础上进行计算，以叠加不同的给定时间间隔，期间污染物浓度应始终维持在 B 列所规定的最高平均浓度。

法律法规的例外情况

6. 若在《空气法》中有其他规定，本条例中的任何内容均不应视为批准某污染物在各附录中规定的某种浓度条件下进行排放，且本条例不违背任何关于预防严重空气污染或不合理空气污染的法定权利。

生效日期

7.（a）除第（b）项中另有规定外，本条例的有效期截至 2015 年 3 月 1 日（希伯来历 5771 年 12 月 10 日）。

（b）第 3（b）条，附录二第 A 部分第 1、2、7、10、12、13、15、16、18、19、23 和 27 项，以及附录三第 3-10、12、14-17 和 20-28 项，有效期截至 2012 年 12 月 31 日（希伯来历 5771 年 4 月 18 日）。

附录一
目标值
（第 2 条和第 5 （a） 条）

第 A 部分

序号	污染物	化学式	最高平均浓度/（μg/m³）	给定时间间隔
	A 列		B 列	
1	臭氧	O_3	100	8 h
2	二氧化硫	SO_2	500	10 min
			20	24 h
			20^*	$1 a^*$
3	1,2-二氯乙烷	$C_2H_4Cl_2$	1.14	24 h
			0.38	1 a
4	二氯甲烷	CH_2Cl_2	72	24 h
			24	1 a
5	甲苯	C_7H_8	3 770	24 h
			300	1 a
6	四氯乙烯	C_2Cl_4	63	24 h
			21	1 a
7	三氯乙烯	C_2HCl_3	23	24 h
			7.7	1 a
8	硫化氢	H_2S	7	0.5 h
			1	1 a
9	苯乙烯	C_8H_8	100	0.5 a
			100	1 a
10	甲醛	CH_2O	0.8	24 h
			0.8	1 a
11	一氧化碳	CO	100 000	15 min
			60 000	0.5 h
			30 000	1 h
			10 000	8 h

序号	A 列		B 列	
	污染物	化学式	最高平均浓度/ $(\mu g/m^3)$	给定时间间隔
12	氮氧化合物（如 NO_2）	NO_x	30*	1 a*
13	二氧化氮	NO_2	200	1 h
			40	1 a
14	苯并[a]芘 $C_{20}H_{12}$（以悬浮颗粒物计）	BaP	0.000 11	24 h
			0.000 11	1 a
15	1,3-丁二烯	C_4H_6	0.11	24 h
			0.036	1 a
16	苯	C_6H_6	3.9	24 h
			1.3	1 a
17	悬浮颗粒物	S.P.M	300	3 h
			200	24 h
			75	1 a
18	可吸入颗粒物（颗粒直径小于 10 μm）	PM_{10}	50	24 h
			20	1 a
19	可吸入颗粒物（颗粒直径小于 2.5 μm）	$PM_{2.5}$	25	24 h
			10	1 a
20	硫酸盐（以悬浮颗粒物计）	SO_4	25	24 h
21	钒（以悬浮颗粒物计）	V	0.8	24 h
			0.1	1 a
22	铅（以悬浮颗粒物计）	Pb	2	24 h
			0.09	1 a
23	镉（以悬浮颗粒物计，颗粒直径小于 10 μm）	Cd	0.005	24 h
			0.005	1 a
24	镍（以悬浮颗粒物计）	Ni	0.025	24 h
			0.025	1 a
25	铬（以悬浮颗粒物计）	Cr	10	1 h
			1.2	1 a
26	砷（以悬浮颗粒物计）	As	0.002	24 h
			0.002	1 a
27	汞（以悬浮颗粒物计）	Hg	1.8	1 h
			0.3	1 a

* 生态系统保护规定值。

第 B 部分

A 列			B 列	
序号	污染物	化学式	最高平均浓度/（μg/m³）	给定时间间隔
1	降尘		20	月*

* 生态系统保护规定值。

附录二

环境值

（第 3 条和第 5（a）条）

第 A 部分

A 列			B 列	
序号	污染物	化学式	最高平均浓度/（μg/m³）	给定时间间隔
1	臭氧	O_3	230	0.5 h
			160	8 h
2	二氧化硫	SO_2	350	1 h
			125	24 h
			60	1 a
3	1,2-二氯乙烷	$C_2H_4Cl_2$	0.38	1 a
4	二氯甲烷	CH_2Cl_2	24	1 a
5	甲苯	C_7H_8	3 770	24 h
			300	1 a
6	四氯乙烯	C_2Cl_4	21	1 a
7	三氯乙烯	C_2HCls	1 000	24 h
8	硫化氢	H_2S	45	0.5 h
			15	24 h
9	苯乙烯	C_8H_8	100	0.5 h
10	甲醛	CH_2O	100	0.5 h
11	一氧化碳	CO	60 000	0.5 h
			10 000	8 h

A 列			B 列	
序号	污染物	化学式	最高平均浓度/ （μg/m³）	给定时间间隔
12	氮氧化合物（如 NO_2）	NO_x	940	0.5 h
			560	24 h
13	二氧化氮	NO_2	200	1 h
14	苯并[a]芘 $C_{20}H_{12}$（以悬浮颗粒物计，颗粒直径小于 10 μm）	BaP	0.001	1 a
15	1,3-丁二烯	C_4H_6		
16	苯	C_6H_6	5	1 a
17	悬浮颗粒物	S.P.M	300	3 h
			200	24 h
			75	1 a
18	可吸入颗粒物（颗粒直径小于 10 μm）	PM_{10}	150	24 h
			60	1 a
19	可吸入颗粒物（颗粒直径小于 2.5 μm）	$PM_{2.5}$		
20	硫酸盐（以悬浮颗粒物计）	SO_4	25	24 h
21	钒（以悬浮颗粒物计）	V	1	24 h
22	铅（以悬浮颗粒物计）	Pb	2	24 h
			0.09	1 a
23	镉（以悬浮颗粒物计，颗粒直径小于 10 μm）	Cd	0.005	1 a
24	镍（以悬浮颗粒物计）	Ni	0.025	1 a
25	铬（以悬浮颗粒物计）	Cr	1.2	1 a
26	砷（以悬浮颗粒物计）	As	0.006	1 a
27	汞（以悬浮颗粒物计）	Hg		

第 B 部分

A 列			B 列	
序号	污染物	化学式	最高平均浓度/ （μg/m³）	给定时间间隔
1	降尘		20	月

附录三

警戒值

（第 3（b）条、第 4 条和第 5（b）条）

第 A 部分

A 列			B 列	
序号	污染物	化学式	最高平均浓度/（μg/m³）	给定时间间隔
1	臭氧	O_3	240	1～3 h
2	二氧化硫	SO_2	500	1～3 h
3	1,2-二氯乙烷	$C_2H_4Cl_2$		
4	二氯甲烷	CH_2Cl_2		
5	甲苯	C_7H_8		
6	四氯乙烯	C_2Cl_4		
7	三氯乙烯	C_2HCl_3		
8	硫化氢	H_2S		
9	苯乙烯	C_8H_8		
10	甲醛	CH_2O		
11	一氧化碳	CO	20 000	8 h
12	氮氧化合物（如 NO_2）	NO_x		
13	二氧化氮	NO_2	400	1～3 h
14	苯并[a]芘 $C_{20}H_{12}$（以悬浮颗粒物计）	BaP		
15	1,3-丁二烯	C_4H_6		
16	苯	C_6H_6		
17	悬浮颗粒物	S.P.M		
18	可吸入颗粒物（颗粒直径小于 10 μm）	PM_{10}	300	24 h
19	可吸入颗粒物（颗粒直径小于 2.5 μm）	$PM_{2.5}$	130	24 h
20	硫酸盐（以悬浮颗粒物计）	SO_4		
21	钒（以悬浮颗粒物计）	V		
22	铅（以悬浮颗粒物计）	Pb		

A 列			B 列	
序号	污染物	化学式	最高平均浓度/ $(\mu g/m^3)$	给定时间间隔
23	镉（以悬浮颗粒物计，颗粒直径小于 10 μm）	Cd		
24	镍（以悬浮颗粒物计）	Ni		
25	铬（以悬浮颗粒物计）	Cr		
26	砷（以悬浮颗粒物计）	As		
27	汞（以悬浮颗粒物计）	Hg		
28	降尘			

2011 年 5 月 9 日（希伯来历 5771 年 2 月 5 日）

Gilad Erdan

环保部部长